PICTURE PERFECT LIGHTING

An Innovative Lighting System for Photographing People

VALENZUELA

拍出绝世光线

摄影师的完美用光技巧解密

[美] 罗伯特 · 巴伦苏埃拉　著
朱增峰　译

nook

人 民 邮 电 出 版 社
北 京

内容提要

光是所有影像创作的根本。它是摄影的DNA。光可以把平淡的景物或人像变得无法言喻的美好。对大多数摄影师来说，摄影用光也是最容易误解和令人生畏的课题。这本书，就是为了让摄影师学会驾驭光线而写的。

本书是具有“全球十大最具影响力的摄影工作者和摄影教育工作者”称号的摄影畅销书作家Roberto Valenzuela的最新力作，书中结合他多年的拍摄和教学经验，以他自己总结的“五大光线特性”与“十大环境光元素”为框架，围绕摄影布光展出一系列摄影用光要点与技巧。

全书分为五个部分。第一部分，光的基础知识：讲述光的运作原理与光的五大特性。第二部分，环境光，探索十大环境光元素以及他们在摄影实践中的运用。第三部分，辅助光，详细讲解反光板，柔光屏等辅助用光手段的使用技巧。第四部分，闪光灯的使用，极致详尽地讲述如何用闪光灯创造神奇光线效果。第五部分，光的视觉构思，详解精选的典型用光案例，让读者从实战角度理解光线的运用。

本书适合摄影爱好者、摄影专业师生、人像摄影师、商业摄影师阅读。

献辞

谨以此书献给我美丽、聪慧的妻子和挚友——Kim。在成书的两年时间里，你与我探讨了每一个章节，提供了你宝贵的意见。你为我准备的营养的食物与健康的奶昔让我的大脑时刻保持着清醒，充满了创造力。Kim，在我们的婚姻中，你的爱与鼓励是我莫大的福祉，亦是我前行的动力。感谢上天让我们走在了一起。

本书也献给我伟大的妈妈。你在千难万险中忍受了诸多的困苦，在一个连语言都完全陌生的异国他乡里含辛茹苦地养大了四个子女。你的努力、执着与对孩子们的爱无时不在激励着我。我爱你，妈妈！

悼念

谨以此书缅怀我们家中的爱狗，Chochos。在成书的过程中她不幸离世。她是我们的知心伴侣，在她生命的14年里为家庭带来了无尽的欢乐。我们会深深地怀念她。

鸣谢

首先我想感谢使本书得以最终实现的Scott Cowlin和Ted Waitt，感谢你们从圣巴巴拉到洛杉矶的专程拜访，邀请我为Rocky Nook执笔此书。能与世界上最棒的摄影书籍出版团队合作令我深感荣幸,我把你们视为我真挚的好友。

我由衷感谢我的家庭带给我的爱与支持，包括我的妈妈、我的哥哥Antonio、我的姐姐Blanca、我的妹妹Susana和新婚不久的妹夫Daniel Yu。同时我也想感谢我的姐夫Kent（Phoenix地区Bridge教堂的牧师），作为一名伟大的倾听者和人生导师，一直以来给予了我个人与职业上的建议，当然他也是世界上最好的牧师！感谢同样热爱摄影的好外甥Ethan，我可爱的小外甥Caleb，和我聪明伶俐的外甥女芭蕾舞女演员Ellie。犹记那次我们有趣极了的照片拍摄经历，我会永远珍藏那段美好的记忆。

感谢我的岳母Christina：我不知如何感谢您为此书花费的无数个小时，帮我一丝不苟地编辑书中的每一个章节。相对于我，这本书的完成对您来说变得同样重要。拜您所赐，全世界的读者们将会读到一本结构良好、富有乐趣的书。我也感谢我的岳父Peter一直以来对我的支持。正是Peter让我人生第一次接触了Photoshop，点燃了我摄影创作的激情。有这样的岳父母是我人生一大幸事！另外，非常感谢我的嫂子对我学习过程中自始至终的支持。Amy，Sarah和她的丈夫Neal均是我最初的拍摄模特。在我仍是新手时，他们耐心地让我在他们身上做拍摄练习以提高我的摄影能力。感谢我可爱的小侄女Alexandra，四岁、好动的她，是我测试新相机的连续对焦系统的绝佳拍摄对象。感谢Wendy Wong一直以来对我的事业和努力的大力协助。

我也想感谢ellixier公司的朋友们给我提供了set.a.light 3D软件，使我可以为本书绘制示意图和工作室渲染图。

我想特别提及一位近日憾败于癌症的朋友。Bill Hurter从最开始就给予了我信任。作为摄影行业的一名巨擘，他用他绝妙的书籍教育了全世界众多的摄影师们。曾与他见过面使我深感荣幸，我会永远感激他的栽培。

感谢Arlene Evans：Arlene，与Bill Hurter一样，你给予了我和我的事业信任。谢谢你，我的犹太母亲！无论在世界何地，每当我站上讲台授课时，我都会对你心存感激。

感谢Dan Willens：谢谢你在过去的四年中对我的所有支持与鼓励。

感谢全世界所有的摄影界的朋友们，是你们让我每一年都充满了激励和鼓舞。我要特别感谢以下人士，以姓氏字母顺序排列：Rocco Ancora, Roy Aschen, Ado Bader, Jared Bauman, Michele Celentano, Joe Cogliandro, Skip Cohen, Blair DeLaubenfels, Dina Douglas, Marian Duven, David Edmonson, Luke Edmonson, Dave Gallegher, Jerry Ghionis, Melissa Ghionis, Rob Greer, Jason Groupp, Scott Kelby, Colin King, Gary Kordan, Paul Neal, Maureen Neises, Collin Pierson, Ryan Schembri, Sara Todd, Justine Ungaro, Christy Webber, Lauren Wendle, Tanya Wilson.

感谢佳能美国的好朋友们，Dan Neri, Len Musmeci和Mike Larson。能被你们接受进入“佳能光影探索者”精英课程令我深感荣幸。对我来说这是美梦成真。

关于作者

Roberto Valenzuela是一名来自美国加州Beverly Hills的摄影师。他是少数几名有幸被选中参与了久负盛名的“佳能光影探险者”精英课程的摄影师之一。

遵循他成为摄影师之前曾作为职业音乐会古典吉他手和教师时开发的练习方式，Roberto创造了一套独特的摄影教学模式。Roberto相信，能力与成就的核心是刻意的训练而不是天赋。他走遍了世界的每一个角落，激励着摄影师们通过目标设定、自我练习和持续的专注来练习、分解和掌握摄影中的各个元素。

Roberto在欧洲、墨西哥和南美洲的各大摄影竞赛，以及由来自拉斯维加斯的“国际婚庆与人像摄影师协会”（WPPI）在美国举办的最著名的国际摄影竞赛中担任委员和评委。

Roberto在世界最大的摄影大会的私人研讨会、讲座和平台课程中从事教学。他曾三度获得国际第一名奖项，被他的同行们提名为“世界十大最具影响力的摄影师和教育家”之一。他的第一本书《拍出绝世佳作》迅速成为婚庆摄影书籍类的畅销书第一名。他的第二本书《拍出绝世美姿》亦与前作一起成为了国际畅销书。Roberto的书籍已被翻译成中文、葡萄牙语、西班牙语、印度尼西亚语和德语等各国语言，在全世界各地有售。

除了摄影的世界，Roberto喜爱驾驶高性能无人机。他也是一名古典吉他手（水平已不如往昔）和乒乓球的狂热爱好者，在生活中时刻追寻着挑战。

序

Jerry Ghionis

我与Roberto相识超过10年，目睹了他从一个谦逊的摄影极客到业界明星的蜕变。我与我的妻子Melissa把Roberto与他的妻子Kim当作我们最好的朋友，我们在加州Beverly Hills的家仅几步之隔。作为Roberto的同行，我们的生活如此相近。我们经常互相串门小聚打上几局乒乓球，在阳台烧烤大餐，然后便是无数个小时关于生命、情感和摄影的谈天说地。

正是从这些数不清的对话中，我了解到了Roberto对于学习一门新技能的激情和痴迷。我并不单指摄影，实际上他对一切都充满了激情！好奇是人的天性，但很少有人能像Roberto一样仅是一时兴起就能足够好奇、全情投入。千万不要尝试去开玩笑地挑战他或者嘲讽他做不到某一件事，因为他不但会做到它，还会去精通它，即使你早已忘记了当初的挑战。

Roberto是一名职业摄影师和教师，但我眼中的他远不止如此。他是一名职业“学者”：一名不仅痴迷于学习而且坚持不懈的学者，一名不仅对学习内容也对学习这一过程本身充满激情的学者。每次我拜访他的家时，他都会向我展示一项他正在学习的全新技能。他对于失败的恐惧驱使他获得了营销学与经济学的学位、与美国总统见了面、在大庭广众下演奏弗拉门戈古典吉他，当然还有成为一名众所周知的受人敬仰的摄影师和教师。假如不知道他生命中遇到的挑战，他的成功已经是无比的鼓舞人心。当你知道世界上只有少数人能知晓他遭遇的逆境时，他的成功更是无比的非凡！

能够为本书作序是我无上的荣幸。在Roberto的这第三本书中，他处理了“光”这一极度具有挑战性的主题。继承前两本书《拍出绝世佳作》与《拍出绝世美姿》的精神，Roberto重新发明了他独家的摄影师分解“光”的基本特性的方法。在过去的几年中，我见证了Roberto作为一名作者的蜕变。在“完美摄影”系列书籍的成书过程中，他会经常关注并执着于那些看似不可能完成的挑战：如何通过他书中的文字和图像来精炼一个摄影话题的交流和理解。每一章的完成都会使他的沮丧变为欢欣。就如那些伟大的电影三部曲一般，系列书籍烂尾是不可原谅的。读完本书，你绝对不会失望。

“完美摄影”系列书籍创造了一个摄影作者教学特定主题的新标准。借用

Roberto会在书中频繁使用的一个词，他的书创造了一个“光的基准”。读完本书之后，摄影新手们将会获得一个公式化的光学基础以作为职业生涯的基石，而富有经验的摄影师们则会延续多年的实践，继续拓宽他们对于光的理解。

不论是天性还是后天养成，Roberto都是一个异类。他可以在一句话里既不合时宜地搞笑又巧舌如簧。他可以变得同时既古怪又令人亲近。无论他选择戴什么样的帽子，他都会自信地戴出来，即使那帽子你觉得挺怪异的。这就是我爱Roberto的原因。他是一个忠诚慷慨的好友，他极具感染力的热情会带给你常伴左右的欢乐。大多数人视金钱为财富，而对于智者来说独特的经历才是真正的财富。从这点看Roberto简直富甲天下！而我与我的妻子Melissa更是因为与他共享了这些经历而变得更加富有。

前言

在我执笔写下这些话时，我正乘坐着我最喜爱的机型——空客A380——前往罗马尼亚和葡萄牙去做我最喜爱的事：教学。我决定好好利用这万米高空中巡航的10小时航班带来的独特静谧，为本书写下这篇前言。

《拍出绝世光线》将会是“完美摄影”三部曲的最后一部。我无比感激全世界那些让我的前两本书——《拍出绝世佳作》与《拍出绝世美姿》——取得国际成功的读者们。此时此刻，《拍出绝世佳作》在美国亚马逊摄影书籍排行榜上位列第一。对于一名作者/教育者来说，没有什么比知道读者们在自己的作品中寻获了价值、他们的职业生涯也因自己的文字获益良多更欣慰和满足的了。这几本书已被翻译成中文、葡萄牙语、德语、印度尼西亚语和西班牙语等各国语言，出现在了世界各地的书架上。为此，我衷心地感谢你们！

我相信本书将会是我前两本书的完美补充。《拍出绝世佳作》聚焦创作本身和地点的灵活应用。《拍出绝世美姿》扎根于学习摄影造型的新方法：不是去记忆规则，而是掌握一个15点系统，使作为摄影师的你理解照片中的造型和身体语言如何与观众交流。因此，我认为以一本关于光的书作为完结很有必要。

光是所有影像创作的根本。它是摄影的DNA。光可以把平淡的景物或人像变得无法言喻的美好。对大多数摄影师来说，它也是最容易误解和令人生畏的课题。我深有体会，因为我曾即如此，像任何人一样困惑过。当你倾倒于一幅作品中的诗意和美妙光影，而随即被一股沮丧之感淹没，是再正常不过的事。你的脑海中顿时会充满了这样那样的问题：“哇，摄影师是怎么做到的？”“创造如此的光影效果需要很大的制作吗？”“用到了什么器材，我买得起吗？”“摄影师是如何设计出如此的光影概念的？”而最终，我最爱的问题是：“有什么方法让我也能创造如此美妙的光影？”这最后一个问题，关于如何自己创造世界级的光影的问题，是我写下这本书的原因。因为这个问题的回答，是一个响亮的“没问题！”

我认为光之所以被视作一项艰巨的任务，有三大原因。首先，光的知识往往通过冗余的器材和复杂的光影设定，以间接的方式传授，实话说这非常没有必要。所有的灯光设定背后的“为什么”是很难理解的，因此会产生一种昂贵灯光器材和佳作之间错误的联系。

其次，光有一种很高程度的技术、数学和科学的内涵。有趣的是，光实际上确实是遵循着科学规则，而科学使得对光的理解变得简单。光永远是可靠的！现在，你需要学习的是如何让光影出现在你想要的位置，而这正是创造性和乐趣所在。光遵循科学规则，但它的布置策略却是一种艺术和表达形式。

最后，我们习惯基于眼前所见去创造摄影作品，而不是眼前所不见。利用自然光可以解决问题，但很多情况下自然光是不够的。这时候我们就要用到影室灯和闪光灯，并且需要事先想象这些人造光线对我们的照片的影响。我们看不见它们的分布，直到按下快门的那一刻。很不幸，因为上述原因，一些摄影师宁愿自称“自然光摄影师”。

没有什么是比不受任何限制去创作艺术更值得的事了。知识就是力量。当你掌握了闪光灯和影室灯的使用，没人可以告诉你哪种光更好。摄影用光不应是自然光与人造光之间的竞争。光就是光！所有种类的光都是有效的，在你所创造的美好画面中都有一席之地。某些情况下自然光足够使你的画面栩栩如生。而有些时候影室灯会给你更好的解决方案。最终，你可能同时需要两者才能实现你的艺术表达。请不要拘泥于仅仅使用自然光。我知道这样做可能更为简单，但局限自己是不合理而又无趣的。局限于自然光就像仅用一只锤子去盖房，用一种调料去做菜。为什么不用上所有的工具去创造心中的渴望?

编写此书，我最大的动力便是克服以上三大因素，为你提升光影技巧提供所需的信息。我希望提炼光的知识使之成为一个必不可少的工具，让你使用它时不再发怵。如今越来越多的摄影师把Photoshop当作创造惊艳作品的首选工具，然而事实上，光才是最好的工具。世上没有任何一款软件能够代替或者复制美妙的光给相片带来的无法言喻的神奇。光应是创造力和欢乐的源泉，而不是恐惧的来源。我希望当你在创作摄影作品时，这本书能启发你首先想到光的力量，而不是Photoshop。

为了有助于分解学习摄影用光的复杂性，我把光分成三大种类：环境光、辅助光和控制光。

环境光

基于所处的环境，这是你必须面对的光的种类。环境光无法避免，基本上它就是氛围光或者自然光，但我之所以特意称之为“环境光”，是因为我不仅想让你把氛围光视为一个整体，更重要的是我想让你思考光在环境中的物体周围是如何表现、跳跃和反射的。在短时间内，自然光可以保持不变，但周遭的环境却可以随着位置的移动而瞬息万变。这便是“氛围光”与“环境光”的区别所在。

当你在正午的城市中拍摄时，光会直射而下，在你身边的各个表面跳跃折返。环境中所有的物体都拥有一个表面。而这些表面正是我们感兴趣的对象。纹理、颜色、形状、材质和大小，是需要注意的五大表面元素。这些描述性的表面元素将会对环境光与环境之间的互动产生重要影响。理解和辨认光与表面之间的互动，尤其注意这五大表面元素，即是你的职责所在。

理解光可能听起来复杂，但实际上它要简单得多。用一个比喻来讲，光的特性就像德语的语法。一旦你掌握了规则，它们就不再支离破碎，没有例外。光的规则始终是不变的。因此我也把环境光称为“策略照明”。

辅助光

辅助光基本上可以视作当环境光/自然光不再适合时增加的或者操纵的光。举例来说，假设你正在室外拍摄一组人像，可惜天空阴云密布。阴天产生的漫射光是平淡而单调的，也就是说，乏味且缺乏活力。这种情况下你就会用到辅助光，给予拍摄主体以定向光源从而在人像中勾勒出形状和空间感。辅助光通过反光板、柔光屏、闪光灯、影室灯、持续光源、光配件、和色片去创造和操纵。通过这七大工具，你可以解决和控制环境光使之为你所用。因此我也把辅助光称为“对策光”。

控制光

当拍摄主体100%被影室灯、闪光灯和光配件照亮、完全处于摄影师的控制之下时，这样的光称为控制光，通常情况下都是在摄影棚里实现的。当相机的设定使环境光对曝光不会产生任何影响时，控制光也可以在室外实现。控制光可以随摄影师控制增加或减少。因此我也把控制光称为“构造照明”。

在我的摄影活动和本书的照片中，我使用Capture One Pro作为我的RAW照片编辑软件，因其在处理RAW文件时展现出的独特能力和精密程度。我使用Chimera Lighting的光配件，在购买Capture One Pro时使用优惠代码“AMBVALENZUELA”便可获得相应折扣。登录chimeralighting.com，付款时输入优惠代码“rvchimera”，我在教学中用到的，以及所有Super Pro系列的产品，在你购买时都可获得7折的优惠。

《拍出绝世光线》参考图表

光的五大特性

- 角度特性
- 平方反比特性
- 相对大小特性
- 颜色特性
- 离散特性

十大环境光元素（CLE）

- CLE-1：光的来源与方向
- CLE-2：平整表面
- CLE-3：背景
- CLE-4：环境光修饰物
- CLE-5：地面特征
- CLE-6：地面和墙上的阴影
- CLE-7：阴影中的小块纯净光
- CLE-8：联通室外的开放结构
- CLE-9：光强的差别
- CLE-10：光的参照点

光的基准参数表

室外强日照条件下的基准参数					
感光度ISO	100	100	100	100	100
光圈	f/2	f/2.8	f/4	f/5.6	f/8
理想快门速度	1/2000	1/1000	1/500	1/250	1/125
可接受的快门速度（加/减一挡）	1/1000或1/4000	1/500或1/2000	1/250或1/1000	1/125或1/500	1/60或1/250

室外明亮的阴天或开放阴影下的基准参数					
感光度ISO	400	400	400	400	400
光圈	f/2	f/2.8	f/4	f/5.6	f/8
理想快门速度	1/2000	1/1000	1/500	1/250	1/125
可接受的快门速度（加/减一挡）	1/1000或1/4000	1/500或1/2000	1/250或1/1000	1/125或1/500	1/60或1/250

室内强日照条件下的基准参数					
感光度ISO	800	800	800	800	800
光圈	f/2	f/2.8	f/4	f/5.6	f/8
理想快门速度	1/2000	1/1000	1/500	1/250	1/125
可接受的快门速度（加/减一挡）	1/1000或1/4000	1/500或1/2000	1/250或1/1000	1/125或1/500	1/60或1/250

目录

“我抓住了光——我捕获了它飞行的轨迹！”

——Louis Daguerre

第1部分

光的基础知识

第1章

“光的视觉构思”优先于“用光风格”

在我看来，在按下快门键之前，任何人像摄影师都应优先想象出一个“光的视觉构思”。作为摄影师，我们用光交流。因此，在尝试以照片的形式传递信息之前，你必须言之有物。在拍摄之前不去思考，就如草草写下一段毫无逻辑、前言不搭后语的句子，还指望它能交流出任何信息。请不要这样做。观察光对物体的影响是摄影乐趣的一部分。通过不同的手段使用光，我们能让同一个人看起来像10个不同的人。即使如一片叶子般平凡的东西也能变得趣味十足！光可以改变任何事物，因此我们在拍下照片之前必须事先拥有一个光的视觉构思来想象我们想要的效果。首先，让我们定义“光的视觉构思”与“用光风格”之间的区别。

光的视觉构思

光的视觉构思显示的是作为摄影师的你通过光想要交流和关注的信息。比如，假设你正在拍摄一组年轻女性的人像，你决定把关注的重点放在模特的嘴唇而不是她脸部的其他特征上，包括她的眼睛。然后你会在用光上做出决策，通过照明来突出嘴唇的质地和饱满感。对于模特的眼睛，你可能会在眼眶部位投上阴影来创造一种神秘感，以使观众把视觉重点放在嘴唇而不是眼睛上。光的视觉构思要求在需要光的地方恰到好处，在不需要的地方巧妙避开。它要求对阴影出现的位置和方式拿捏准确：采用柔化边缘的阴影还是轮廓清晰的阴影？光面和暗面间的对比应该如何展现？记住在人像摄影中，你隐藏的东西与你展露的东西一样富含信息。

在这个时代当摄影师的一大优势是，如今的数码相机技术使我们可以不管在多差的光照条件下都可以进行拍摄。相机厂商们对他们的产品具有的高感光(ISO)能力引以为豪。这对于摄影记者来说是非常关键的，他们可以更方便地在战场或者游行的街头进行拍摄，但对于人像和婚礼摄影师来说，这项功能太过于安逸了。高ISO功能使得我们不再思考如何提升光照条件，结果即是导致许多人仅用氛围光来照亮拍摄主体、通过调整ISO值去补偿光照的质量或者不足。与此相反，思考光的视觉构思时，氛围光仅仅是一个起点。一个拥有光的视觉构思的摄影师会基于他的思考做出决定，通过增加、减少、发散、聚焦或者操纵光来赋予设想以生命力。

用光风格

用光风格指一个摄影师的作品中惯常出现的特点。举例来说，假设你喜爱专注于窗光或自然光人像，难道这意味着你的全部职业生涯只在窗户边拍照？如果有一天，你想通过相机正上方的单一光源来创造一种好莱坞风格的光影效果，抑或你希望烘托拍摄主体的眼睛的同时，使其余的面部都处于一个神秘而吸引人的阴影之中。另一种可能的场景：你前往一个客户的家中拍摄人像，可那里只有一扇被树影遮挡的小窗，只透过些许自然光。拥有或偏好一种用光风格并没有任何错，但是你不应该局限自己，使自己无法通过作品传递独特的信息。这好比在脚踝拴上铁球一样拖累自己的进步。

当然你可以在拥有光的视觉构思的同时，拥有自己的用光风格。但是，你的光的视觉构思应与用光风格互相独立。人像摄影时，如果窗光无法满足光的视觉构思的要求，那么你应该使用任何需要的光源完成你的目标。挣脱铁球的负担，你的创造力就会开始成长。

最初开始从事人像摄影时，我常常把拍摄安排在日落前一到两个小时。这样一来，处理光照会变得更加简单。刺眼的日光已不再——举目所见皆是阴凉处——我可以专注于拍摄本身。此外，阳光不再强烈，产生不出任何影子，因而我可以随心所欲。无论我或者拍摄主体如何移动转身，光总会保持柔和与可靠性。这是多么的美妙。如果当时阳光仍可以照出影子，我会立即引导客户到最近的阴凉处。高大的建筑物是我最喜欢的，因为它们会投下很大的一片阴凉。

当拍摄结束后，我会回到电脑前上传照片，旋即打开Adobe Photoshop摆弄我新购的各种色片，鼓捣出神奇的特效。这让我心满意足。

在这些早年的岁月里，我的摄影品位实在不敢恭维。我觉得只要能在相机的液晶屏里看到客户，曝光就足够好了，我关于光的工作就已完成。我对摄影中光的巨大力量一无所知。就像很多人一样，我发现天黑前漫射的自然光更能让我有效地避免复杂情况。闪光灯，或任何其他种类的人造光源根本就不在我的考虑范围，我根本就不知道怎么用它们。我会告诉我的客户拍摄会在日落前一个小时进行，因为这就是我的“风格”，而实际上，它是我唯一会使用的光而已。

照片中光的潜能

在我自诩为“职业摄影师”的头两个年头里，我曾在一场婚礼中负责摄影。新娘当时正在一个只有一扇小窗的阴暗小屋中梳妆打扮。我慌了！没有柔和的下午的日光供我使用，我也早已不在熟悉的领域。在那个时候，我根本不知道摄影师可以解读、控制、操纵和创造光，于是在那种情况下，我做了大多数人都会做的事：不论光线如何，我在所有可能的角度按下快门。我的相机每秒可以拍摄3到5幅，所以我尽可能地去连拍。我围着梳妆的新娘疯狂地拍摄，不经过大脑就在各个角度拍了一通。我手忙脚乱地转圈，新娘的脑袋为了跟上我的角度都快转晕了。

在短暂的时间里我拍了将近400张照片。第二天我怀着兴奋和一点点的焦虑的心情上传婚礼的照片。我迅速寻找，翻到新娘梳妆那部分的照片。在翻过了几百张毫无用处的照片后，我的恐慌程度开始随着每次键盘的敲击慢慢升级。突然之间，一幅惊为天人的照片就如午夜时灯塔的光束般出现在我眼前。真是太美了！**见图1.1**。在全部400张照片中，只有一幅，也仅仅只有这一幅是那么美。我在刹那间拍下了它，各种元素组合在一起纯属巧合。因为她摆出的造型和光的相互关系，从小窗中投下的光以一个完美的角度照亮了新娘的脸庞。她的表情在那一刻也是无比惊艳的专注和迷人。

我激动地想拍拍自己的后背，但随即意识到我仅仅是走了狗屎运罢了。如此美妙的元素组合根本不是我作为摄影师的技艺所致，而是运气实在太好。我还能重现同样的照片吗？不可能！当然，除非我像一只无头苍蝇般一次又一次地绕着新娘无脑地连拍数以千计的照片，直到再次撞大运。没门！我实在是太爱美好的光了，我不想把它留给运气。于是我下定决心去学习和了解光，从而在未来可以依靠自己的本领，而不是最新款相机的帧率（FPS）。

图1.1 相机设定：ISO 800，f/1.2，1/250

第2章

光的运作原理

为了获取光的视觉构思，你必须要知道所有的光都有着相同的特性。阳光与闪光灯发出的光、视频灯的光本质都是一样的。它的基本原理为，光是一种称为电磁辐射的能量形式。这种能量聚集成群，称为光子。这些光子带有电磁场，随着速度而波动。电磁场波动的速度越快，光子具有的能量就越多。尽管无法用肉眼看到电磁场，但我们可以通过颜色的形式观察到这种波动速度的效应。例如，红光相比蓝光有着慢得多的波动，意味着红光相比蓝光具有更少的能量。记住，光子周围的电磁场波动得越快，光子带有的能量就越多。

眼睛如何看见颜色

人类的眼睛把光子不同的能量辨识为光不同的颜色。因此绿色、蓝色、红色、黄色、白色等从本质上都仅仅是光子的电磁场所具有的不同波动频率。当一群光子以不同的频率撞击在一个物体上——比如说，一个草莓——草莓的表面会吸收除了红色以外所有的频率，然后把红色的频率反射到眼镜和大脑中。当视网膜从草莓表面接收到了这个特定的频率后，你的大脑会告诉你这个表面是红色的。(一个有趣的常识：人类的眼睛可以接收的暖色调比冷色调多得多)

当一个表面完全不吸收、反射了所有的频率时，我们的大脑就会认定这个表面是白色的。相似地，当一个表面吸收了所有的频率而没有反射时，我们的大脑就会认定这个表面是黑色的。在相同的环境下穿黑色的衣服比穿白色的衣服感觉热得多的原因是黑色吸收了光子的所有能量，导致衣服开始热起来。穿白色的T恤或开白色的车感觉更加凉爽，是因为白色反射了所有的能量而没有吸收，使表面保持了触感的清凉。把不同量的三个主色——红、绿和蓝——简单组合，就能创造出可见光谱中所有的颜色。这个关于我们如何辨识颜色的信息将会在分析环境中不同的物体或选定拍摄人像的位置时变得非常有用。

所有的光都有着相同的特性

幸运的是，所有的光都受物理法则的约束。这点永远不会改变。这对我们意味着什么？这意味着我们的闪光灯发出的光，与来自太阳的光或如视频灯这样的持续光源发出的光相比，有着完全相同的特性。你卧室里台灯发出的光，与地球上最昂贵的影室灯的光没有任何本质不同。对摄影师来说，最重要的心理转变之一，即对不同的光源一视同仁，懂得不同的光源都遵守着相同的物理法则。

为了阐明这个观点，需要你把注意力放在接下来的一组照片上。所有这些照片均由不同的光源进行不同的照明，但想要分辨出各个具体的光源不是一件简单的事。容易注意到的是，各个照片都有着独特的照明，各自包含了基于光照的与众不同的信息。至于我用了哪种光源并不重要；重要的是我按照心中所想操纵了光和它出现的地方。根据环境的不同，拍摄时的光可以是微弱的、强烈的、刺眼的、柔和的、定向的等。因此，相比于顺应环境，你应思考如何让环境顺应于你！你是摄影师，一切由你掌控。

图2.1 完全由自然光照明。此时室内的环境是合适的，因为模特Dylan的正前方就是一扇窗户，正后方则是一面白墙。阳光穿过窗户发散开来而不会直射在Dylan身上，因此变得柔和。然而最让我注意到的是室内的环境使Dylan的脸上和鲜花头饰上的光变得有动感。她的后背同时也因为身后的白墙对阳光的反射而得到照亮。假如没有这扇窗，那么我会用一盏装配了柔光箱的影室灯来创造相同的绝妙光影效果。

图2.2 中的是Laura和Kenzie，此时的环境同样适合拍摄美好的人像。然而，这一回阳光的强度达不到我想要的效果。当我把这幅照片在我的研讨班里作展示时，人们很难相信70%的照亮两位女士的光都来自闪光灯。氛围光仅仅提供了30%的照明。大多数人认为使用闪光灯会破坏光的柔和性，但在这张照片里却并非如此，因为我闪光灯发出的光和阳光并无二致。我仅仅用闪光补充了阳光的不足，我的光的视觉构思就得以实现。请注意她们眼神的光是多么灿烂，光的柔和、补充使她们的眼睛焕发了神采。如果把自己局限于一个“只接受自然光”的摄影师，这幅人像的美就不复存在。因为环境中的氛围光实在是不够，除非我把相机的ISO设定在1600左右，人工地去补偿低光照——即使如此，照片依然不会如此成功。你可能喜爱自然光的效果，但作为一名多面的、娴熟的摄影师，不应把自己局限在其中。手中可用的工具越多越好。

图2.1

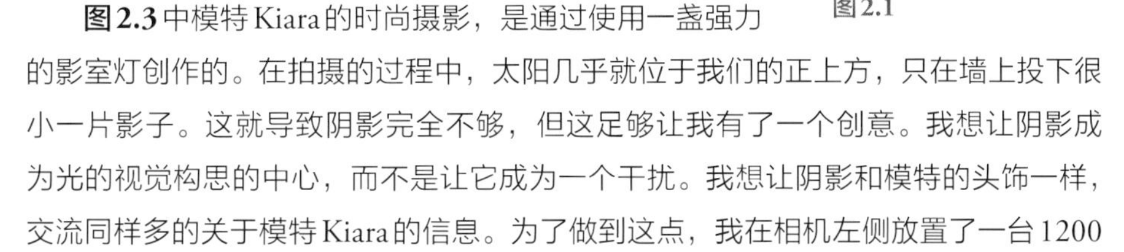

图2.3 中模特Kiara的时尚摄影，是通过使用一盏强力的影室灯创作的。在拍摄的过程中，太阳几乎就位于我们的正上方，只在墙上投下很小一片影子。这就导致阴影完全不够，但这足够让我有了一个创意。我想让阴影成为光的视觉构思的中心，而不是让它成为一个干扰。我想让阴影和模特的头饰一样，交流同样多的关于模特Kiara的信息。为了做到这点，我在相机左侧放置了一台1200

图2.2

瓦的影室灯，在离地7英尺的上方指向模特的背部。我通过把ISO设为最低、增大快门速度至我的Phase One相机的最大同步速度：1/1600秒，完全排除了氛围光对曝光的影响。我把影室灯的功率调至最大，以确保相机捕捉到的所有光都来自影室灯而不是太阳。我的设想是：

刻画Kiara的影子和她的头饰，让它在视觉上拥有与模特本身同样的震撼力。这样的话，普通的远距闪光灯是不够强力的，产生不了这种效果。有意思的是在这张照片之前那些仅用强烈的日光拍摄的照片，看起来的效果和这张一模一样，但是影子要小得多，位置也不尽如人意。1200瓦的影室灯替代了太阳的作用，使我精准地在想要的位置获得了阴影。我从太阳那得到了创意，而影室灯帮我完成了作品。

图2.4创作于洛杉矶一场婚礼上，当时，我发现自己被走道两侧无数的粉色花瓣

图2.3

深深吸引。问题来了，阳光照亮的方向导致它们的颜色和美感完全得不到展现，于是我想，为何不试着给花瓣打光？我让助理站在这对情侣前方10英尺的位置，把闪光灯的焦距调到最宽的设定。这样走道两侧的花瓣都能被照亮。这一回，我的设想是利用花瓣半透明的特性，让光线穿透其间，这样就可以突出花瓣的颜色和形状，让照片变得更加鲜活！在拍摄这张照片的时段里，假如仅仅依靠自然光，我将无法获

图2.4

得如此的效果。当然我也可以在那等上6个小时，当太阳落到恰到好处的位置、阳光正好穿透花瓣时，取得相同的结果，但我更愿意使用我的照明工具在此时此刻就采取行动。

图2.5 中的订婚风格摄影拍摄于德克萨斯州Galveston市的一个阴暗的宾馆宴会厅中。我的设想是创造一种“复古好莱坞式”的风格，张力十足而又与众不同。情

图2.5

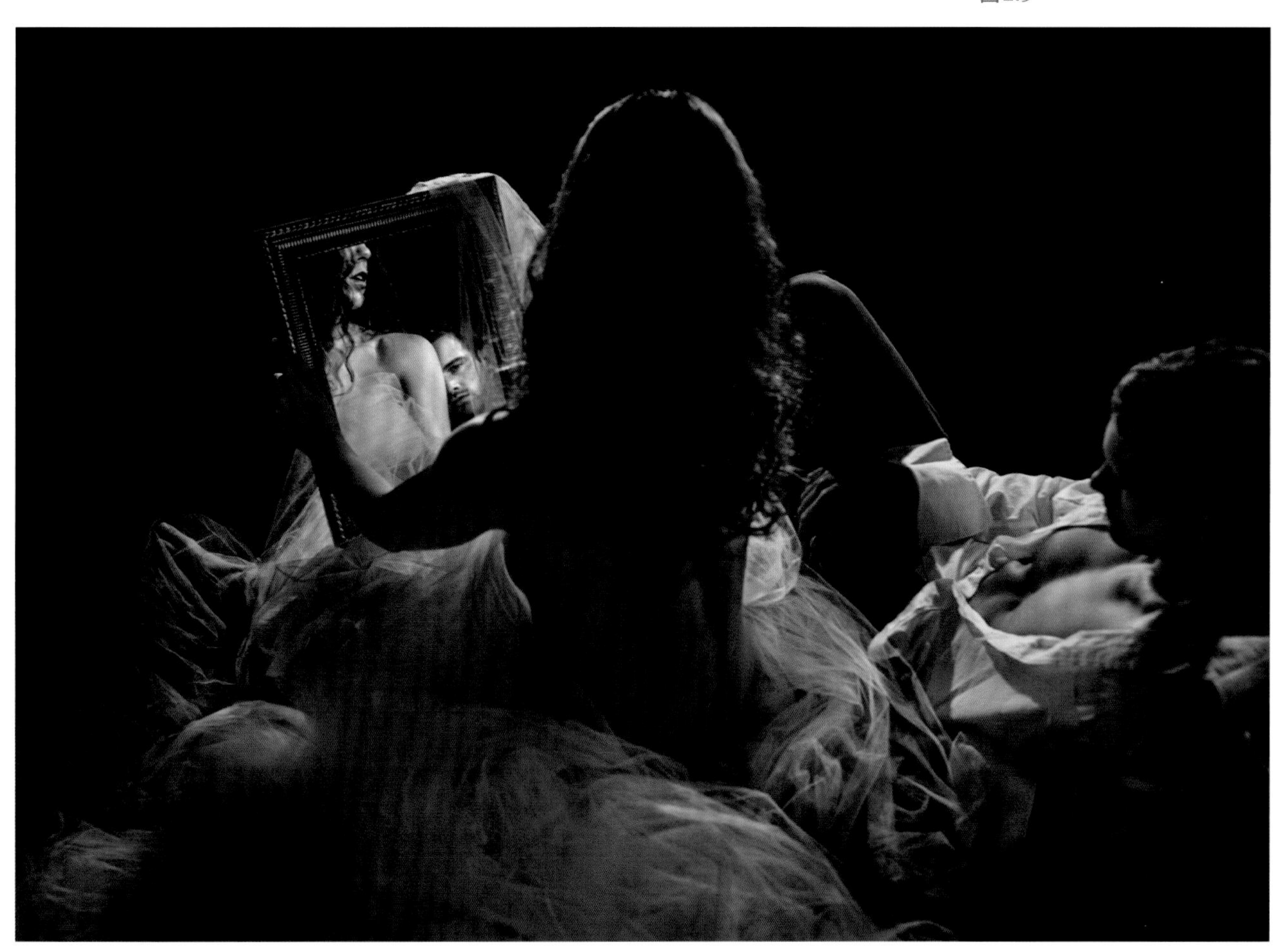

况是，在人们陆续走进宴会厅之前我仅有几分钟的时间去拍摄这幅作品。因为室内非常昏暗，我无需借用闪光灯的力量来提供照明或者压制氛围光。相反，我使用了两个持续光源（视频灯或聚光灯）。这类光源让我看得一清二楚，使我可以在想要的位置获得阴影。要是我用的是远距闪光灯，那么闪光灯发出的杂散光有更大的几率打到我不想要的位置。这样一来就需要大量的光配件去控制光柱的宽度，防止光的溢散。因此，像LED灯这样的持续光源在此时是最佳的选择。

关于**图2.6**的设想相对要简单一些。我想创作一幅看起来时髦又吸引人的人像，以模特的嘴唇为特色。脸庞两端均匀打光的普通人像写真达不到我想要的时髦效果。因此，我在相机左侧放置了一盏搭配了中等大小的柔光配件的Profoto影室灯。为了突出她的嘴唇，我让我的一名学生朝着嘴唇的方向手持一片很小的反光板，让光跳跃回她脸庞的暗面。为了实现我的设想，我需要的就是一盏影室灯和一片反光板。如果没有反光板，嘴唇的一侧就会明显暗于另一侧，这样就达不到突出嘴唇的目的了。

这些照片展示了实现光的视觉构思的不同用光选择和技巧。它们都有着优美的光效，传递了清晰的信息。不论是时尚写真、婚礼采风还是人像摄影，光永远都在我的掌控之中，而不是另一种情形。不要让氛围光控制了你，左右了你的作品。如果是这样，那么你就错失了摄影中最有乐趣的一部分：光。本书之后的章节里会有更多关于这些照片的详细解读。

图2.6

第3章

光的五大特性

尽管《拍出绝世光线》中所有的章节都很重要——并且互相紧密结合——我认为本章是其中最关键的一章。本书将会频繁地回顾本章的内容以帮助解释其他的光学概念。我意识到很多摄影师对科学相关的吊书袋皱眉头，但是如果对光的特性没有一个清晰的认知，本书接下来的部分将不再对你有太多意义。只有当我们理解了光背后的科学及其原理，我们才能预测它的行为，在摄影作品中掌控它，使其为我所用。我们的创造力才是无限的。

在早年的时光里，我曾尝试非常认真地去学习光。但是一旦科学的成分变得过重，变得与作为摄影师的我越来越生涩遥远，我发现自己陷入了一头雾水的境地。本书的主要目标之一，即是以一种我曾经渴求的方式解释光的特性：让光变得简单、明了、有效，无需物理学或数学的成分即可理解。对于光这一主题，我想给你一个比我曾经的经历好得多的体验来透彻地理解本章内容。我想让你充分地领悟这里解释的每个概念。如果你想更深入地去了解光的数学或物理学知识，市面上有其他更为适合的书籍。

首先，我们通过最简单的方式来讨论你必须了解的光的五大特性，以使你可以开始理解和控制光。这里我给它们各起了一个简短的名称。需要注意的是，这些特性的重要性排名不分先后，在这里只是简单地把它们罗列出来便于在全书中引用：

角度特性：入射角＝反射角

平方反比特性：光的平方反比定律

相对大小特性：光源的相对大小

颜色特性：光的色彩

离散特性：光在不同表面反射的可预测程度

角度特性

“入射角等于反射角。”让我解释。

光的行为是可预见的，这对我们来说是个好消息！光的角度特性，意味着我们可以预见它如何在不同的表面进行反射。无论光来自太阳还是闪光灯，光从光源发出后总是会沿直线传播，直到它到达一个表面。光会从这个表面发生反射，然后以另一个方向继续沿直线传播。表面越光滑，反射就越容易预测。作为一名摄影师，当你试图用一面墙或者屋顶去反射来自闪光灯的光来给你的拍摄主体打光时，知道这一点将会非常重要。这个特性在你想要使用反光罩把阳光反射到你的拍摄主体上时也会派上用场。只要你试图去反射光或者预测光在不同表面的反射，你就会与光的角度特性打交道。

原理：从本质上讲，光射入一个光滑表面的角度等于它反射离开这个表面的角度。我们称前者为“入射角”，后者为“反射角”。

例子：如**图3.1**，你可以清楚地看到影室灯射出的光线打在了一面光滑的墙上，然后直接反射到了模特身上。注意标识为“i”的入射角与标识为“r”的反射角完全相同，公式为“入射角i=反射角r。”

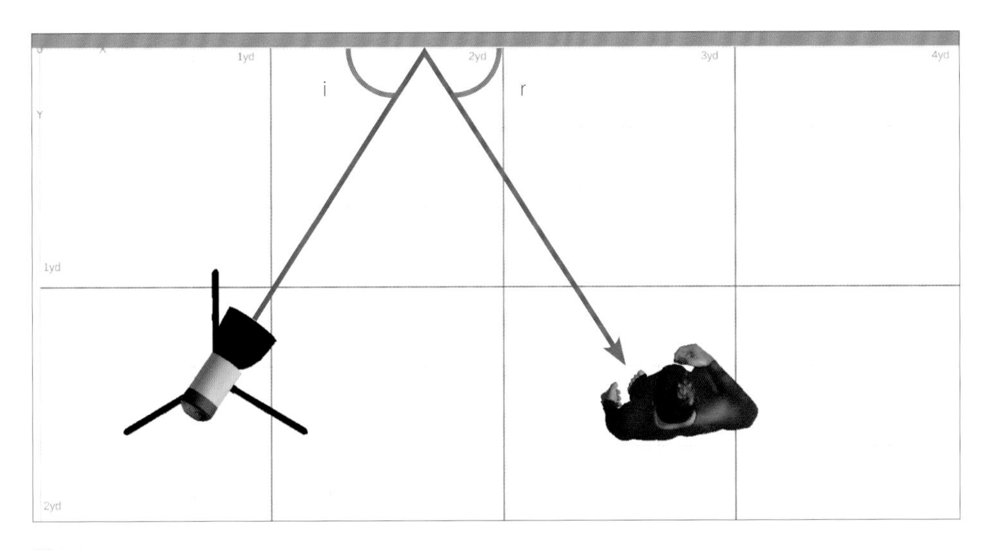

图3.1

应用：现在你理解了“入射角=反射角”这一原理，你可能会问自己：“为什么我需要知道这个，我摄影时怎么才能用得上它？”再回头看一下**图3.1**。应用这一原理，我们可以让模特站在反射角的路线上使其最大化地得到反射光线的照射。接下来把注意力转移到**图3.2**。假设摄影师此时并不了解光的角度特性及其影响，这个打光的角度会使得大部分的反射光线错过了模特，从而使拍得的照片很可能不尽如人意，因为摄影师误以为只要把光打到了模特面前的墙上，目标就会得到足够的照明，可惜这是错误的。尽管小部分光线可能反射到了目标上，大部分的光会错过目标而起不到任何照亮作用。这样的结果会使是模特比预想的暗上许多。接下来摄影师可能会尝试去增加光源亮度来补救，结果依然是一样的，因为大部分光线仍然会错过拍摄主体。无论摄影师绞尽脑汁尝试什么方法，只要光线没有移到正确的入射角度上，一切都是徒劳的。

通过了解这一特性，我们在利用影室灯或闪光灯时会变得更加得心应手，只要充分利用最优入射角/反射角，拍摄主体就可以得到最大化的光线照射。

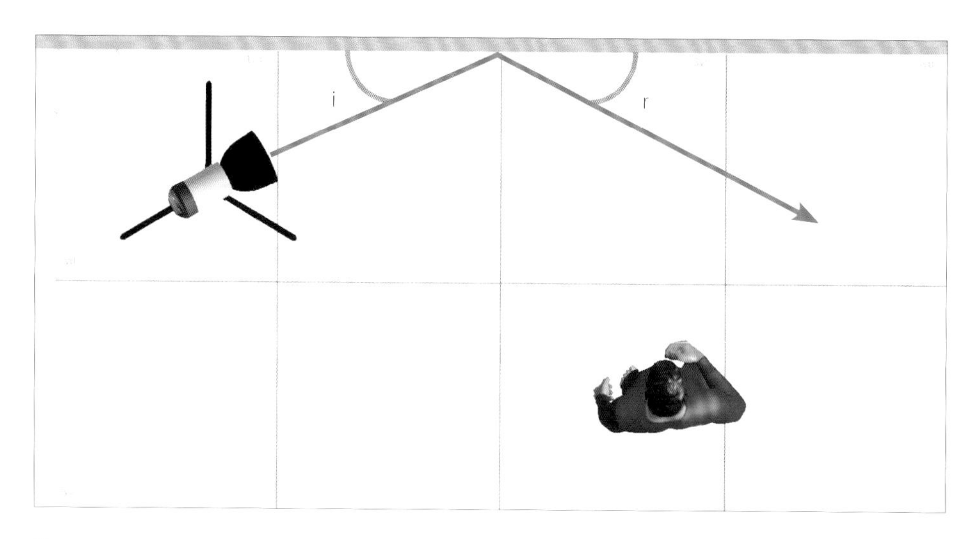

图3.2

光的这一角度特性，带来的另一个有价值的应用便是我们可以摆脱拍摄主体眼镜反光的干扰，如**图3.3**所示，这种烦人的反光就是由光打在眼镜片表面造成的。

图3.3

在这个例子中，光源相对于模特的摆放角度使光线以一定的入射角度首先照射在模特的眼镜上，接着光线会以相同的角度反射离开镜片。如果相机的镜头恰巧位于这个反射角度上，拍出的照片里，眼镜上就明显会出现来自影室灯的讨厌反光。

解决这个问题，你只需改变从光源到模特眼镜的入射角度，让相应的反射光线完全错过相机镜头即可。**图3.4**展示了一个快速的解决方案。仅需简单地升高光源位置使其高过模特的头，光即从上方打到眼镜上，这样反射角就变为指向地面，完全错过了相机镜头。注意：由此得到的照片既清晰，又不会拍到眼镜的反光。

图3.4

记住当你面对窗户、镜子、眼镜或其他反光的物体使用影室灯或闪光灯时，你必须考虑光线照射到这些反光表面的入射角度，以避免相机处于反射角的路径上。只要在这些表面看到了光源的反光——无论是影室灯、闪光灯还是窗光——就能判断相机处在了反射角的路径上了。见**图3.5**和**图3.6**。在**图3.5**中，你可以看到桌子表面有窗户的反光。通过改变相机的位置，这个反光就得到了避免。

图3.5

图3.6

平方反比特性

这一特性的实际名称是“光的平方反比定律”。如果你和我一样，那么你会认同平方反比特性是最容易误解和吓人的特性之一。我根本就不想碰那些我在相关说明中读到的数学原理。实际上，我的数学理解力还是可以的，但把数学应用在紧张的拍摄活动中是不现实的。我看过视频，读过文章，也仔细剖析过无数的摄影光学资源，试着去搞清楚为何这个特性如此重要却总是有着复杂的解读。尽管这些资源对光的平方反比定律解释得完全准确，我却决定改变方向，在本书中采用一个更加图文并茂的形式，而不是枯燥的数学。这样一来，你就可以在实际运用中具象化平方反比定律。我的目标是让你通过一种直观的方式理解它，而不是让你感觉需要时刻揣着一部计算器。从这个角度切入，平方反比定律就不再那么复杂。

为了使这个听起来吓人的特性易于理解，你只需知道光的平方反比定律影响摄影师的两个方面。了解了这两点，你就能融会贯通了。它们是：

光的平方反比定律描述的是光从任何一种光源射出、落在一个表面上产生的强度变化。光源可以是影室灯、窗户、室内灯或者视频灯；它们并没有什么区别。所有的光，无论它来自何处，都有着完全相同的特性。

光的平方反比定律告诉了我们光从一个表面衰减的速度，这与表面和光源的距离直接相关。从亮到暗，无论这种转变的速度如何，都遵守着光的平方反比定律。

接下来让我们详细地讨论这两点：光的强度与光的衰减。

光的强度

光的强度可以用不同的方式解读：数字的形式、表格的形式、或者视觉的形式。

数学公式

$$光的强度 = \frac{1}{距离^2}$$

表格解读

光源与物体的距离	1 （起点）	2	3	4	5	6	7	8	9	10
物体上的光强	1 （全部）	1/4	1/9	1/16	1/25	1/36	1/49	1/64	1/81	1/100
物体上光的百分比	100% （全部）	25%	11%	6%	4%	3%	2%	2%	1%	1%

注：绿色的数字为起点。所有的距离可以用英寸、英尺或者米来表示，只要保持表格中的单位前后一致。红色的数字为距离翻倍的标记点。

表格的文字说明

在起点的位置（距离1），物体受到100%的光源照射。如果从1到2距离加倍，那么物体只能接受到1/4的光，即25%。如果从2到4继续加倍，那么物体只能接受到1/16的光，即6%。如果从4到8再次加倍，那么物体只能接受到1/64的光，即2%。依此类推……

表格中需要注意的关键之处是，一开始当光源和物体互相非常接近时，光强变化速率非常大，从100%直接减至25%。但当你移动物体使之远离光源，光强的变化速率就变慢了许多。例如，在6的位置物体受到3%的光照，但当移动到7后，光照就变为2%。因此从6到7你仅仅会失去1%的光，但从1到2你会失去多达75%的光强。这会对你的作品和你照明拍摄主体的方式产生深远的影响。

视觉解读

关于光的平方反比定律对光强的影响，为了便于我们开始视觉上的理解，让我们先看一组图片展示。图中的一切物体都保持不变以避免发生混淆。在这4幅图中相机的参数设定也保持恒定。这些图片均通过一台闪光灯作为光源创造，闪光灯设定为手动模式的最大功率。当然，光源也可以是影室灯、视频灯或者房间的窗户。这无关紧要。唯一的变量是光源与物体间的距离：每张图中的这一距离都为上一张的2倍。第一张图中间距设定为1英尺。这个距离将作为我们的基准参数。

在**图3.7**中，模特受到了手动模式最大功率的闪光灯的照射。光是辐射的，意即光线在传播的过程中会分散。但是在此图的情形里，模特离光源是如此之近——仅仅1英尺开外——绝大部分的光线都打在了她的脸上。光线没有足够的空间去分散，所以大都照在模特的脸上。如此设定的结果是一张完全过曝的照片。光甚至都无法触及她的红色上衣，因此上衣部分仍是一片黑暗。当然，你可以相应地调整相机与闪光灯的设定来获取正常的曝光。但在这组例子中，我们的目的是通过加倍光源与物体间的距离来观察光强的降低是多么迅速。

图3.7

在**图3.8**中，我们把间距从1英尺增加到2英尺，其他均保持不变，我们仅仅把光源移到了更远的位置。现在你可以看到一些细节了——模特的左脸开始变回正常。根据上文中的表格，第一次加倍间距，拍摄的物体接受到的光会从100%降低至25%。用于制作这组图片的软件考虑到了光的平方反比定律，因此图中的模特受到了25%的光照。

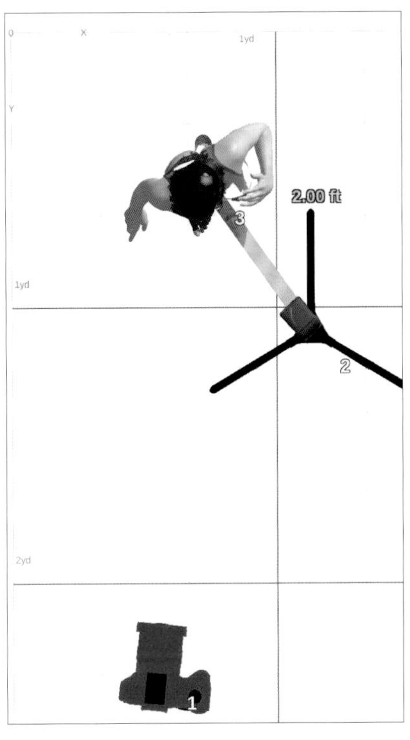

图3.8

在**图3.9**中，我们继续加倍间距。我们以1英尺（100%光照）作为起始，接着加倍至2英尺（25%光照），现在我们再次加倍——至4英尺——因此模特相比初始值仅受到了6%的光照。记住在这组图中其他的参数均保持不变，唯一的变量就是光源与模特的间距。

在**图3.10**中，我们第三次加倍扩大间距，从4英尺变为了8英尺。这个距离使得模特仅获得2%的原始光强，这解释了为何模特会曝光不足。

图3.9

图3.10

光的衰减

在上文中，我们讨论了光的平方反比定律是如何对光强根据光源与物体的间距变化而变化这一现象产生影响的。现在让我们检验光的平方反比定律是如何影响光从最亮点到最暗点衰减的。这种渐变发生的速度快慢是这个特性的核心。

你是否曾把你的拍摄主体置于窗边，用讨喜的窗光来照亮他/她，发现他/她的脸一边亮一边暗？如果是这样，你体验到的即是光的平方反比定律中光的衰减属性。请看下面两幅男性模特的照片。这两幅照片均为相机直出。它们都在同一房间中拍摄的，相互之间仅相隔数秒，然而它们看上去是那么的不同。在**图3.11**中，光从模特脸上的最亮点到图中的最暗点的渐变是非常平缓的。这是因为他离唯一的光源——

图3.11

窗户有很远的距离。当渐变十分平缓时，背景会变得非常可见，模特脸上的最亮点也与背景处于同一光照等级，意味着两者可以被同一曝光捕捉到。当然脸仍然是亮点，但并不突出。

再来比较**图3.11**与**图3.12**。我仅仅是让模特尽可能地靠近窗户。现在从最亮点到最暗点的脸部渐变几乎是瞬间的，你根本都看不到他的左眼。这就是光衰减到完

图3.12

全黑暗的速度。前文已解释过，当渐变十分迅速时，背景就会变得几乎不可见。当大部分的光照在面部的一侧时，想获得正确的曝光，要么快门速度非常快，要么光圈非常小，但其余部位就会一片黑暗。

这便是不用移动任何东西就能从你的照片中去除干扰元素的一个理想方法。为何不把脏活累活交给光的平方反比定律来干？玩笑归玩笑，当画面中出现了干扰元素而我并不想或不能移动它们时，我就会用上这个技巧让它们消失。在之前的图片里，我使用的光源是闪光灯。但重点是记住光的特性是一样的，无论你用的是闪光灯、影室灯、视频灯还是窗光。

正如之前所言，光的平方反比定律的公式可以通过多个数学的、更复杂的方式去研究。我的方法仅仅聚焦于摄影师为了拍摄高质量作品而需要了解的信息上，使他们知晓定律是如何影响用光决策的。同时我也采用了一种更直观的方式去解释这个概念，因为摄影师们更倾向于视觉理解。我的愿望是让你能完全理解本章的内容。如果你想要的是一种更加数学的方法来解释这个特性，那么网上和已经发布过的书籍中有无数的资源能提供给你更深层次的、更技术性的理解。

为了在视觉上领会物体离光源很近时，光迅速衰减的原因，请把你的注意力转到**图3.13**上。与之前讨论平方反比定律表格时一样，这也会牵涉打到物体上的光的强度。记住当物体几乎挨着光源时，物体会接收到几乎100%的光线，当然前提是这个光源是唯一光源。另外，在如此近的距离，光线照射物体的光强也是最大的。当闪光灯亮时，光的辐射范围在图中以黄色箭头表示。注意到模特的脸离闪光灯是如此的近，光线没有足够的空间去发散并穿越过模特的脑袋。所有的光都打在了他的脸上。因此，假如你把相机的曝光点设为脸上的最亮点，相应的设定值就会是ISO 100、快门速度1/250秒、光圈f/18。这真的很亮！相机的光圈只能设定为最小的f/18才能控制进入相机的如此大量的光线。光是如此的强烈，以至于光圈基本上变成了一个小孔，只有小部分光能穿过。因此，除此之外的其他部位在照片里只能是黑暗一片。光圈开口太小了，无法抓住任何更弱的光线。

这样的结果便是**图3.14**。注意在这幅图中，模特的头部以微小的角度朝向光源，处在了光线的必经之路上。这就是为何部分的光打在了他脸部相对暗的一面。光只会以直线传播，它从不拐弯或者从它的路径上偏离，除非它打在了一个表面上。那么背景呢？这时候背景的颜色完全不重要。它可以是灰色的、红色的或者蓝色的。如果光线无法到达背景墙上，那么它只会显示为黑色。事实上你可以让任何背景都变成黑色，不管它原本的颜色如何，这一点将会非常有用。

图3.13

图3.14

现在我们让光源远离模特。当闪光灯亮时，光线有了更大的空间去发散开来。如**图3.15**中黄色的箭头代表了光线的范围，光线散布时，其中的一部分打在了模特的脸上，另一部分穿越了过去照亮了背景。如果你仔细地看，模特的上衣现在变得更为可见，背景也稍稍变得更为明亮。因为打在模特身上的光变少了，模特自然显得比之前更暗了一些。为了补偿这一点，我们必须调整曝光参数。为了保持前后一致，我们只调整光圈的大小。这里，设定现在是ISO 100，快门速度1/250秒，光圈f/6.3。为了补偿模特身上光的大幅衰减，光圈从前一个例子中的f/18（**图3.14**）直

图3.15

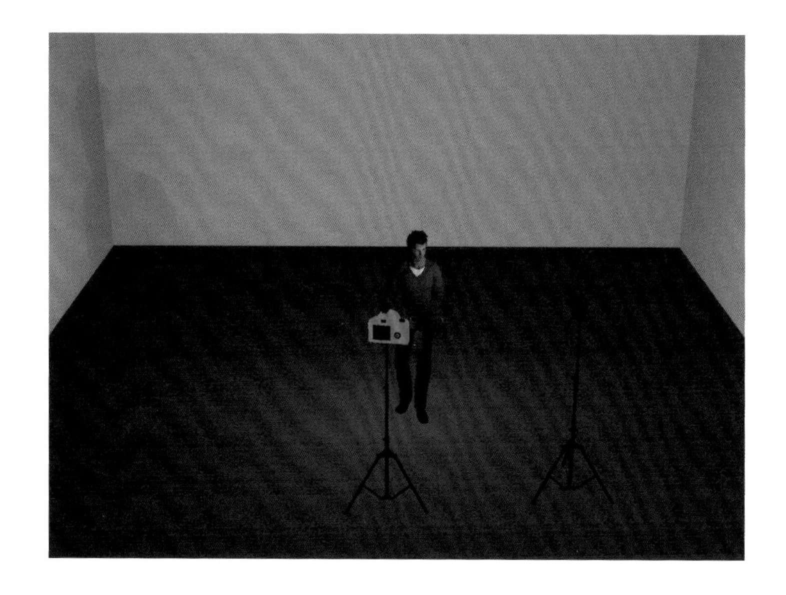

接调整到了f/6.3。

在**图3.16**中，闪光灯被移到了更远的位置。实际上，闪光灯已经位于模特的10英尺开外了。这个例子清晰地展示出光线的分散范围之大，以至于光线几乎是均匀地分布在了整个场景中。一部分光线打在了模特身上而众多其他的光线则穿越过去照亮了背景。在这些光线打到墙上以后，它们会跳跃折返，均匀地照亮整个屋子。结果就如**图3.17** 展示的类似。

现在你已可以猜到，由于缺乏直接打在模特身上的光，我们再次需要通过调整相机参数的方式做出补偿，不然模特就会变得几乎完全黑暗。这种情况下我们的设定是ISO 100，快门速度1/250秒，光圈f/2.2。为了保持正确的面部曝光，光圈需要从f/6.3调整到f/2.2来获取足够的光。

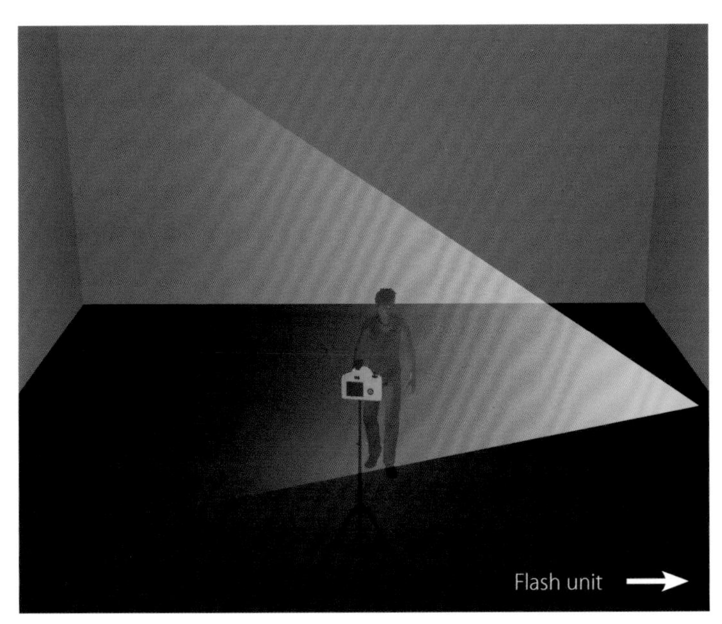

图3.16

图3.17

相对大小特性

作为摄影师，我们大都喜欢去摄影器材商店看看琳琅满目的光源器材和光配件。光配件有着各式各样的形状、大小和价格。上一次走进本地的器材店时，我发现了一盏巨大的Broncolor牌的Para 330反光罩，标价12000美元。我去！这盏抛物线形状的反光罩比我还高得多，而我可有6英尺高。我不禁想问，“我真的需要这样的东西吗？”

我们的惯性思维是东西越大越好。实际上，在摄影中，器材的大小应该由你拍摄的内容决定。在购买光配件时，你的主要考虑应该是打光的对象是谁或者是什么。真正重要的是光源与拍摄主体的相对大小。举例来说，我们都喜爱拍摄用窗光照亮的人像或头部特写，因为窗光往往是柔和而美好的。光之所以能如此柔和的原因是窗户比拍摄主体的头部大得多。成年人头部的平均高度大概是8～10英寸。因此为了在拍摄头部特写时获得柔和的光照，窗户的尺寸要远大于8～10英寸。以下是需要理解的主要概念。

柔光：当光源的大小相对地远大于拍摄主体时，会发生下列现象：

柔和或渐变的的阴影边缘

更低的对比度

更发散的高亮部分

强光：如你所料，当光源的大小相对小于拍摄主体时，会发生下列现象：

清晰分明的阴影边缘

更高的对比度

更明亮的高亮部分

因此，重要的是光源的相对大小而不是具体大小。假设你买了一个5英尺的巨大柔光箱而你的拍摄主体却是只成年大象，即使这个柔光箱在你买的时候显得无比巨大，在大象面前就微不足道了。这样的结果就是你只能获得强光，因为光源相比于大象来说实在是太小了。

相同的假设也可以用在微小的拍摄主体上，比如说一只瓢虫。对大部分人来说一台原厂闪光灯是很小型的光源设备了。它确实是小，假如你的拍摄主体是人的话。但当你拍的是一只小小的瓢虫，闪光灯就像一个巨大的怪兽一样——大了至少30倍。如果你用这样一台闪光灯去拍摄，就只能获得最柔和的柔光。阴影的边缘是如此柔和，以至于你很难看到高亮与阴影间的转变。如果阴影边缘非常渐变，那么光就是柔和的，如果边缘界限分明，那么光就是强光了。注意这里指的是阴影的边缘而不是阴影本身决定了光的柔或强。

视觉解读

我选择使用一个球体来展示高亮和阴影是如何基于光源与物体的相对大小而互

动的。相较于人脸，球体的好处是它没有鼻子、眉毛、前额或者脸部其他任何的部位来干扰光的行为和创造可能的混乱。在使用球体透彻理解这个概念之后，我们将会讨论实际的人脸。在第一个例子里，一个裸露的闪光灯泡放置在了离球体非常近的位置。

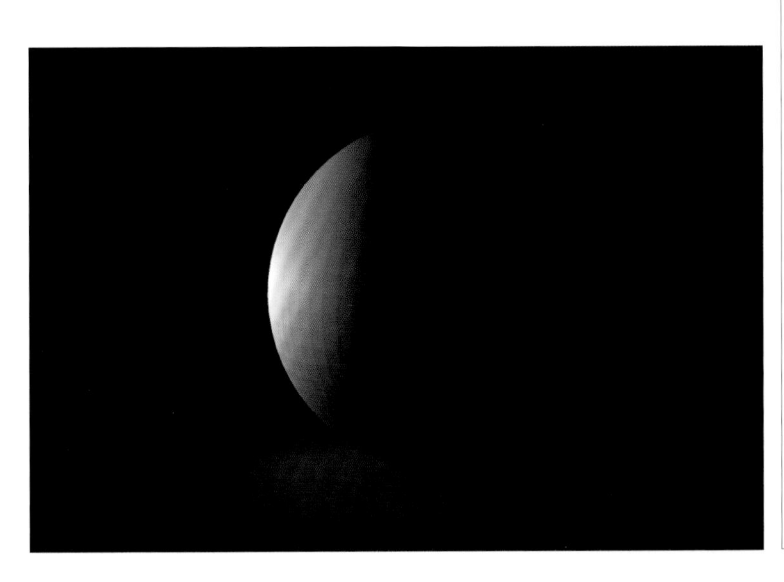

图3.18

注意球体相对于灯泡体积要大得多（**图3.18**）。这导致了：

- 清晰分明的阴影边缘
- 高对比度
- 非常明亮的高光部分

为什么会这样？这与光的平方反比定律息息相关。如果你还记得，平方反比定律表明离光源越近，光的衰减就越快。在这个例子里，闪光灯离球体非常之近，即表明从球体被照亮的部分到黑暗的部分，衰减变化会非常的快。如果你不能理解其中的原理，请回到之前的章节复习平方反比定律的表格。在**图3.19**中，裸露的闪光灯泡相对于球体是如此的小，以至于它在球体最接近

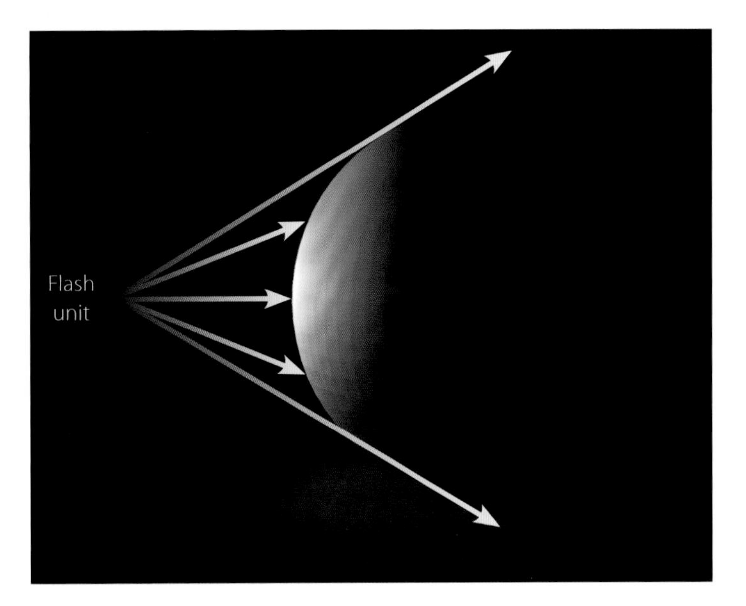

图3.19

光源的位置创造了一个非常明亮的高光。接下来，因为它们相互的距离非常近，导致光会立即衰减，球体相应的部分进入了漆黑的阴影中。光线只以直线传播，所以它们无法绕过球体照亮另一边。这便是导致它迅速衰减至黑暗的原因。

在**图3.20**中，我们给闪光灯加上了一个25×60厘米的条灯配件。这个配件的加入使光源变得比球体稍大一些。与图3.19相比，这导致了：

更渐变的阴影边缘

更低的对比度

更发散的高光部分

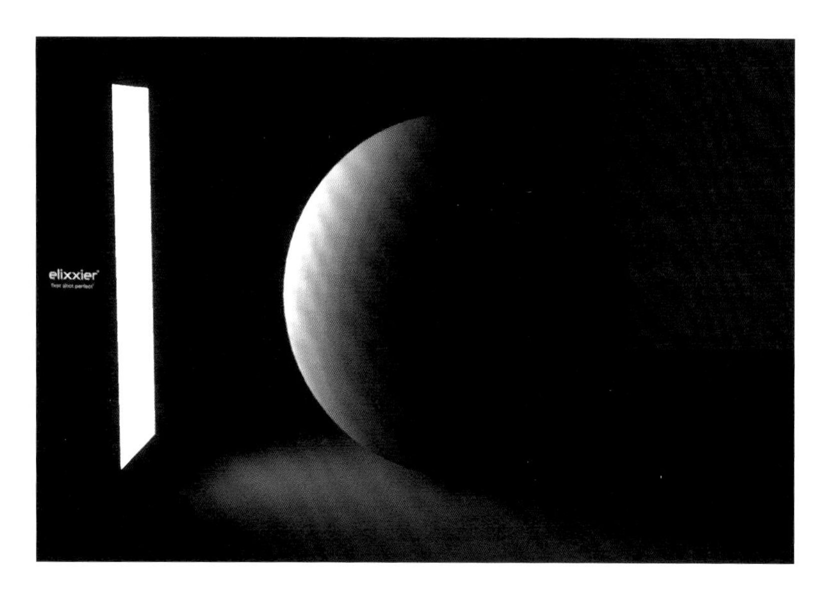

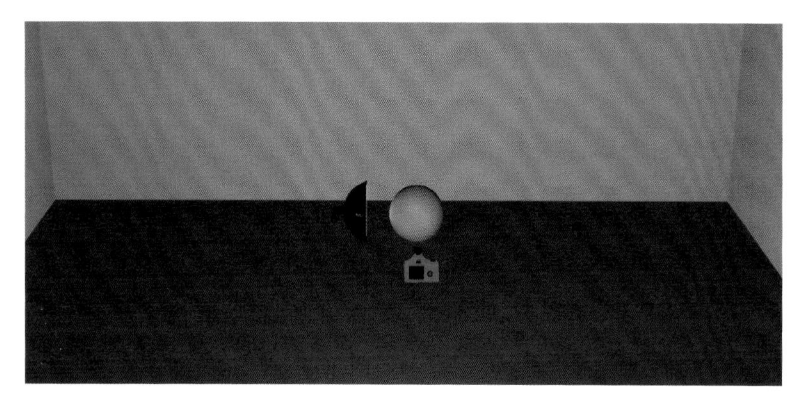

图3.20

光源没有改变位置。唯一的改动就是增加的25×60厘米的条灯配件使光源的体积稍大于球体。正如你所见，**图3.21**中的箭头即光线，从条灯的中央发出照亮了球体的左侧，与之前相同，而光源与球体的间距与之前的例子相同（**图3.19**），因此光的平方反比定律同样适用。光源与球体短小的间距导致了光迅速地衰减至阴影，与之前相同。然而这一回，光源的高度使从条灯边角发出的光线可以部分地照亮上方和下方的阴影边缘处。这即是阴影边缘从光到暗的过渡显得更为渐变的原因所在。

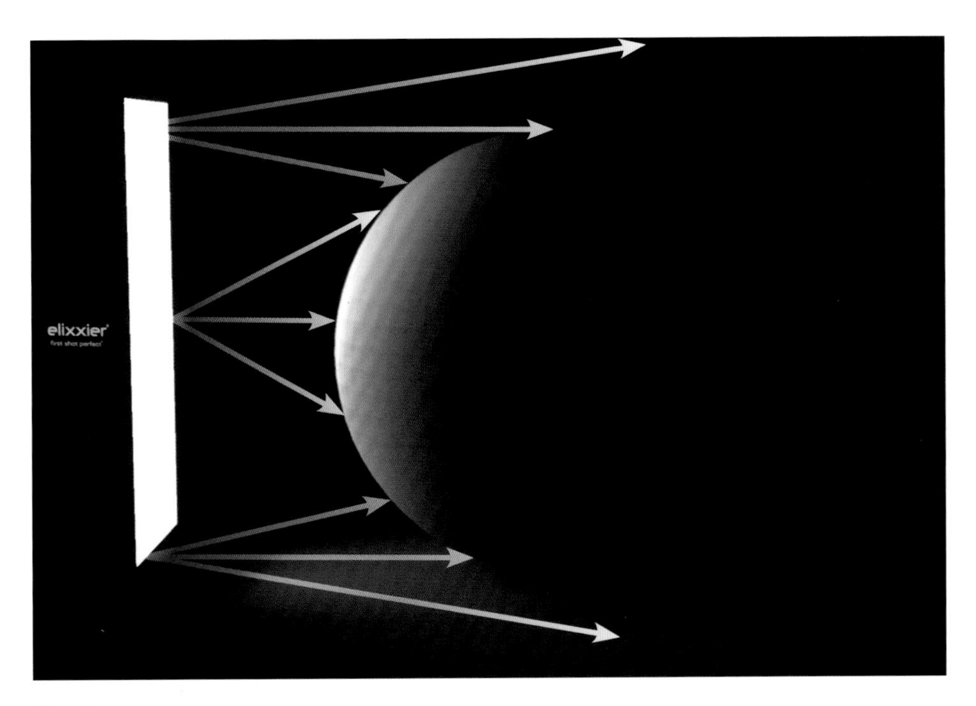

图3.21

在**图3.22**中，我们保持所有条件不变，仅把**图3.20**中使用的加了条灯配件的闪光灯朝着远离球体的方向移动了3码。请注意光源并没有改变大小。我们使用的依然是相同的条灯。然而，光源与球体的相对大小却产生了变化，因为间距变大了。从球体的角度，由于距离增大，光源变得相对小了。想象如果我们把光源移动到100码开外的地方。从球体的角度，光源就几乎不可能看见了，因为它看起来就是个微小的点。

只需记住，距离影响光源或其他任何物体的相对大小。增加距离导致的结果与使用**图3.18**中那样的小型光源来照亮球体是近似的。注意球体亮面与阴面间清晰的界

图3.22

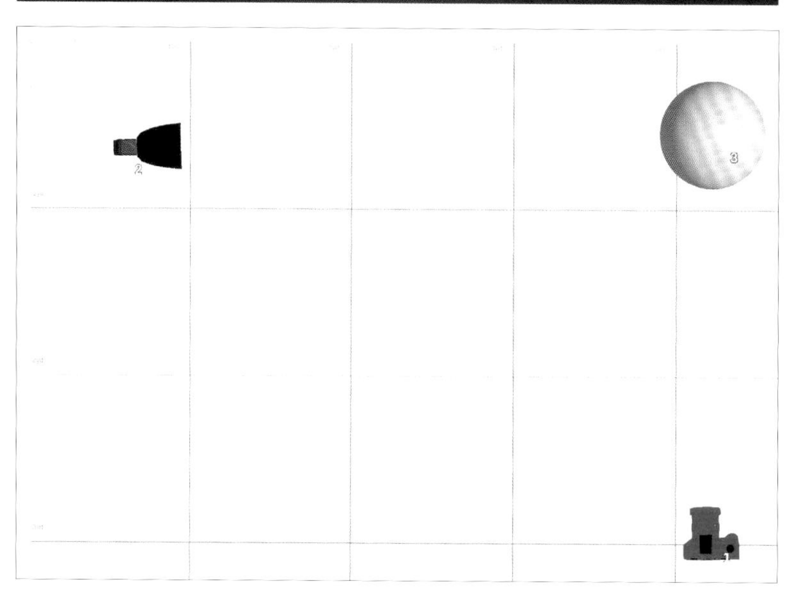

限。之间的过渡不是渐变的；光的衰减非常迅速。之所以这样，是因为光源相比球体的相对大小是如此的小，以至于从条灯发出的光线足够照亮球体的左侧，却不能触及阴影的边缘，就如**图3.19**中解释的一样。

为了在我们的人像摄影中获得那种受人喜爱的美妙柔光，我们只需找到一个足够大、距离拍摄主体足够近的光源，让它大到足以照亮它自己创造出来的阴影。在**图3.23**中，我们用一个100×100厘米的巨大柔光箱替代了之前的25×60厘米的条灯配件。此外，我们也把柔光箱放置在了离球体非常近的地方——不到1码的位置。

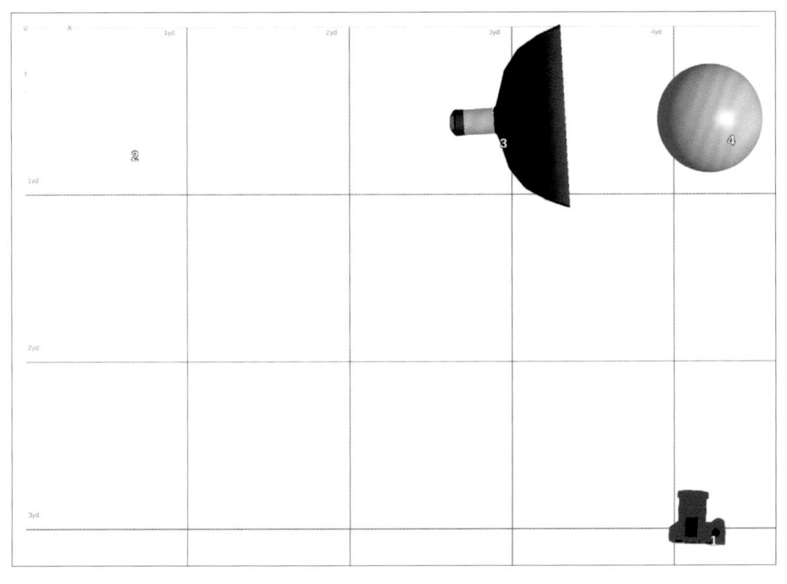

图3.23

现在，你应该可以预测出这种设定下阴影的特征了。相对于球体，柔光箱体积巨大，它的上部、下部和边缘可以轻松触及球体阴面的边缘。注意球体亮面和阴面间的过渡是多么的柔和与渐变。

另外，注意球体最亮处的光（左侧）是多么的发散。实际上你看到的是一个特大型的高光。在你拍摄时，这有助于减少表面上的聚光点。举例来说，假设你拍摄的物体是支银匙，使用相对体积更小的光源会造成汤匙的光滑表面出现各种聚光点。如果想避免这些干扰性的聚光点，你只需使用一个相对体积大得多的光源。这会使高光部分变得巨大，使得这些聚光点不再可见。当然，我们也必须考虑到相机和光源相对于汤匙的放置角度。这个知识非常有用，因为它在拍摄人像时会成为你的救命稻草。

颜色特性

物体获得颜色的方式——即人眼所感知的颜色——实际上非常有趣。物体本身并不带有颜色；正相反，它们通过结构上或物理上的组成，有选择性地吸收、反射或者发射不同频率的光到我们的眼睛里。无论是何种频率，它们决定了我们对物体颜色的感知。尽管解读颜色的科学原理非常有意思，但这超出了本书涉及的范围。我们更感兴趣的是影响我们摄影时的决定的实际应用。为了做到这点，我们需要简化概念，使它便于理解而不会干扰我们的创作。

这里给出的是我关于物体颜色与光的原理的过度简化的版本。举一个例子，假设你在正午时在一面亮黄色的墙边放置了一个物体，那么这个物体上就会有一片黄色的投影。打在黄墙上的光越强烈，或者物体离墙越近，物体就会显得越黄。因此，你应该无时不刻考虑到临近拍摄主体的物体的颜色，因为拍摄主体必然会因反射光的形式沾上临近物体的颜色。让我们关注下面一组例子，探讨一下这个特性的相关实际应用。

图3.24是一个反射光的例子，我们把模特放在了离蓝墙不到1码的位置。一盏明亮的灯以正对着蓝墙的位置摆放。尽管灯光的原始颜色是平衡的日光，当光打在蓝墙上以后，反射到模特身上的光是蓝色的。注意图中模特显得多么蓝。这表明了临近物体的颜色对拍摄主体的影响。无论我们是否看见，彩色投影都会存在，影响着我们的拍摄。

图3.24

图3.25展示的是一个光的色彩传递的例子。光源前放置了一片红色的色片，模特背后的背景纸则是自然灰色的。注意光线在穿透色片时获取了鲜艳的红色，并把形成的红光打在了模特的身上。光线不仅使模特的皮肤和衣物完全染红，连背景都从自然灰色变成了深红。因为彩色色片并不带有什么纹理，光线的彩色投影效果在模特身上得到了放大。在我们之前反光的例子里（**图3.24**），蓝墙的质地使得光线被部分吸收或发散开来。结果仍然是蓝色的投影效果，但假如像本例一样透过色片传播，蓝色就会显得强烈得多。

图3.25

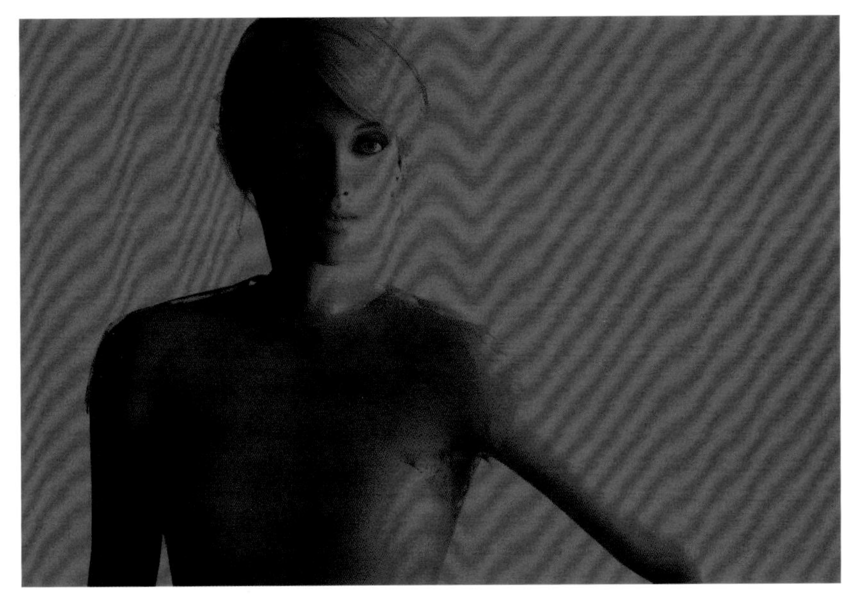

图3.26展示的是一个光线吸收的例子。我们已经探讨了光是如何反射或穿透物体的，现在我们将讨论光是如何被吸收的。周围物体的颜色对于多少光会被反射、多少光会被吸收，有一种直接的相互关系。白色能够反射大部分的光，与之相反，黑色吸收了大部分的光。光被吸收后转化为热能的形式。如果一个东西摸起来是热的，这是因为它保存了大量的热能，这也是为什么如果你住在沙漠环境里，你不应该买内外都是黑色的车。黑车感觉上就是一个烤箱，因为光的能量持续被黑色吸收，让车和内饰摸起来特别的烫，反之白车则会反射掉大部分的光而不怎么吸收热能。

图3.26

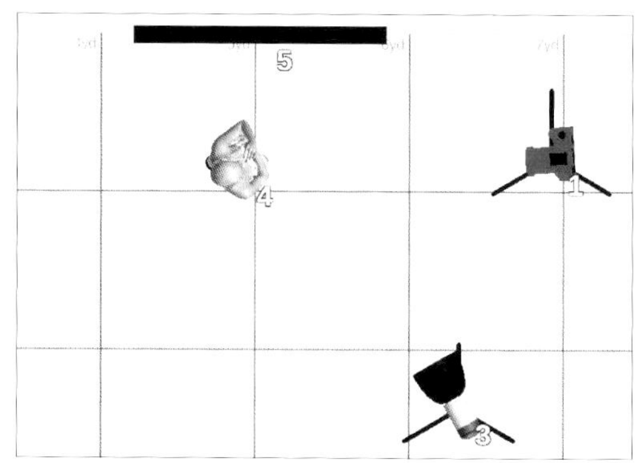

让我们在实际中观测这一特性。回到**图3.26**，注意室内的墙是白色或偏灰的颜色，而模特左侧放置了一面黑色的旗。尽管使用的是一盏强力的光源，黑旗对于光线的吸收属性却是如此之强，以至于大部分的光都被它吞噬了。结果导致了模特左侧产生了深深的阴影。就连她白色的裙子都几乎变成了黑色。

在**图3.27**中，我们保持所有条件不变，除了一个例外：把黑旗换成白旗。现在，你可以很容易就分辨出不同颜色的反射和吸收属性带来的效果。白旗几乎不吸收而是反射了大部分的光到了模特左侧的脸庞和衣服上，填补了阴影。这很不可思议，对吧？这就跟有另外一个光源照亮了她的左侧似的。旗子的颜色就能对我们照片的效果产生如此大的控制力，对我来说简直难以置信。在实际场景中，白旗可以是一辆FedEx快递卡车或者是一栋白色的房子。不用去管是什么东西；只需把关注点放在它的光学属性上。达到这层理解，你的水平就能大幅超越大部分摄影师了。

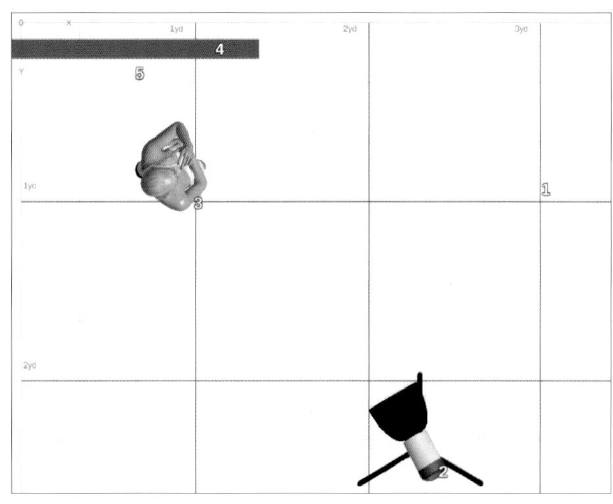

图3.27

我迫使自己把**图3.28**包含进来，因为我总是看到摄影师们喜欢在公园里拍摄人像。这并没有什么错误，但我的目的是让你对在草地上拍摄人像时将要发生的事有起码的认知。公园是我们逃离城市混凝土森林时往往想到的地方。然而，光的属性和行为没有任何改变。如果你选择把拍摄主体置于草地之上，猜猜会发生什么？他们会沾上草地反射的光带来的绿色投影。裸眼可能在屏幕上看不到这样的效果，但看看相机里的颜色直方图，你能看到，直方图里的绿色柱长了许多。

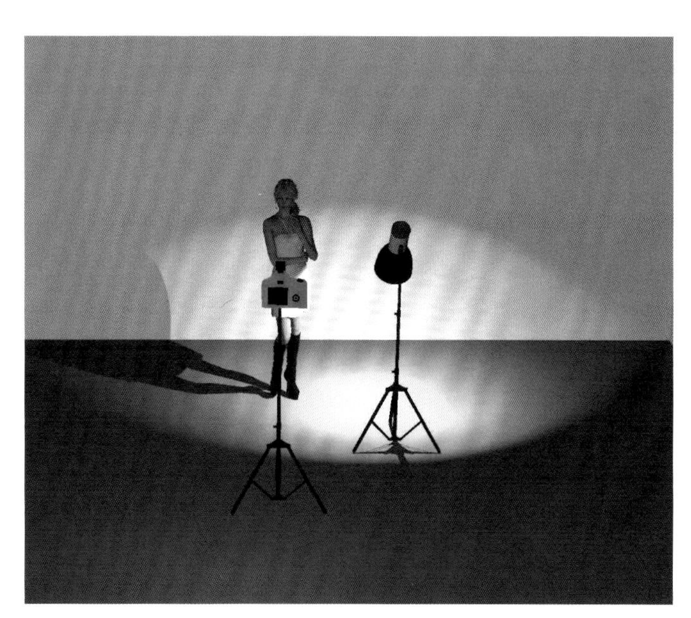

图3.28

在这个例子里，我创造了一个类似于公园的环境。我让地面变为绿色以模拟草地的效果，同时摆放了一个光源直接照射地面。结果正如你所想，模特被绿色的投影覆盖了。自然，草的质地和土地的深色会吸收很多的光线。但是仍有足够多的光线反射到了模特身上形成了绿色的投影。如果你的拍摄主体坐在了草地上，那么他们会离草地更加的近，相比于站立的姿势，他们的脸会显得更绿。解决方法是，下一次你在草地上拍摄照片时，试着在拍摄主体下方摆一片白色或银色的反光板来防止绿色的光反射到他们的身上。

记住通过从物体上反射到你眼中的光，是你看见一个物体和它的颜色的唯一方式。如果实际上没有光线从物体上反射到你眼中，那么这个物体就是黑色的。

离散特性

摄影师们常常忽视光打在一个表面时是如何发散的，然而光的离散特性是能左右我们获取惊艳抑或贫乏的光照的主要特性之一。把光想象成微小的亚原子级别的弹珠，有助于我们对光的离散获得一个清晰的理解。这些微小的弹珠实际上称为光子，它们成群地传播。当这些光子（光线）打到一个光滑的表面上，它们会以与入射角度相同的反射角弹开，以一个非常可预测的模式离散开来。记住，入射角等于反射角。但是如果光子（光线）打在了一个质地粗糙的表面上，这些光子就会离散得到处都是，使反射光强难以预测。

图3.29 显示的是一个光打在光滑表面的例子。光线以一种可预测的方式反射，使你可以预见更多的光子会从墙面反射，以更大的光强照亮模特。

图3.29

在**图3.30**中，我们让右侧的光打向坐在沙发上的模特。沙发的表面明显是不光滑的。光线打在了靠枕、布料、扶手等部位上，向所有的方向发散。它们的行为不可预测，因为质地起到了关键作用。如果你把光打向一面粗糙的墙，它形成的反射就会变得难以预测，一些光子（光线）会打到模特身上，一些则不会。这都决定于物体和它们的质地造成的反射角度。

这个法则对所有的光源都适用，包括太阳。如果你想要给拍摄主体一种美妙而强力的间接光照，最好的选择是一面光滑的墙，这样阳光打在光滑表面上会在拍摄主体的角度上反射更多的光子。

知识就是力量。理解掌握了光的这五大特性会使你能够预测光子（光线）在环境中的传播路线和它们的行为。如果你可以做到这点，就能在任何情形下精准定位最高质量的光。这就是作为一个感知敏锐的摄影师的魅力所在！

本书接下来的其他章节会一直回顾到这五大特性。充分理解它们，你的摄影技艺就能有质的飞跃。我推荐你重读本章查缺补漏，达到自信能完全掌握光的五大特性的程度。

图3.30

第2部分

环境光

第4章

环境光元素入门

在白天，拥有对阳光或自然光特性的清晰理解，会让你能够更好的控制它们而不是成为它们的奴隶。在夜晚，主要光源则是一系列不同的人造光源，比如日光灯、路灯、钨丝灯等。不论光源是什么，光总会与周围的物体产生互动。正如之前的章节中所提及的，光可以从物体表面反射，可以被物体吸收，也可以穿过物体。为了能够掌握所有这些互动、迅速判定物体摆放的最佳光照位置，我创造了“环境光”这个名称。“自然光”这个词仅仅关注了光自身的属性，比如颜色、强度和对比度。而“环境光”不仅关注了自然光所有的属性和行为，亦关注了光与周围物体的互动，因此我们可以把这些物体转化为塑造光的工具。

环境光是一种思考的方式。基于环境的不同，我们定位和塑造光的方式永远会随着地点的改变而改变。光如何与拍摄主体周围的物体互动、如何藉此影响到你的照片，是环境光的核心关注点。在本章里，我们将开启一段漫长而迷人的旅程，去探索如何快速地解读光在环境中的行为。我用了“漫长”这个词，因为我相信作为一名摄影师，你永远不应像解读某一本书那样去解读光，而应把光想象成一本永远读不完的书。故事在继续，而你爱着它的每一页。

大多数人太把光想当然了，让它在那里直到消失。我真的见过毫无觉察的人们与令我激动不已的美妙光影擦肩而过。这些人聊着手机匆匆走过，完全忽视了身边的美好。

只有当光的辐射能量照亮或改变了一个物体时，光才能被看见。此时，你可以看到关于这个物体的一切——它的颜色、形状、质地等等。而摄影师们必须能够训练有素地观察光从一个地点到另一个地点的行进路线，甚至在光尚未触及任何物体之前。光在它的旅程中可能不可见，但是你可以基于环境和光的特性来预测它的效果、方向与强度。

你需要知道的两个光的种类：

入射光：入射光是直接打在物体上的光。举例来说，假设你站在室外的一面墙前用照度计测量打在墙上的日光，那么你测量的是入射光的强度，即你所站的位置照亮墙面的日光。这相当于你在截获和测量尚未到达拍摄主体的光。

反射光：反射光是从物体表面反射到你眼中或者相机中的光。举例来说，如果光直接打在了墙上，那么这是入射光。如果墙自身反射了一部分入射光给你或者相机，那么此时的光是反射光。

理解入射光与反射光的区别非常重要，因为这会影响到随之发生的一切。假设你站在一面黑色的、质地明显的墙前，手持着照度计。你可以把照度计指向太阳去测量将要照在身后的墙上的日光强度——这是入射光。一旦光实际接触了墙面，黑色和质地会吸收大量的光而只反射非常少一部分——这是反射光。这意味着入射光可以是强烈的直射日光，但反射光实际上却非常微弱，因为大部分的光子都被墙面吸收或者发散，只留下一小部分反射回环境、拍摄主体或相机。

请注意为了最大化利用环境光，你必须辅以相应的光的特性知识（见第3章）。这两者永远是相辅相成的！

十大环境光元素（CLE）

因为光不断地被发出和吸收，地点也持续地发生变化，所以我需要想出一个简化的过程。光是恒定的。不管你是在白金汉宫还是洛杉矶西部的一个后巷中拍摄，光的特性都是一样的。无论光是在传播、在表面反射，还是与周围的物体互动时，都会产生具有奇妙效果的区域——那种可以让人熠熠生辉的光。在拍摄地点，我会特别留意以下十大环境光元素，问自己以下这些关于环境光的问题。（请注意，供以后参考，我会用CLE-1、CLE-2、CLE-3等作为代指各元素。“CLE”代表环境光的英文首字母。数字代表各元素相对应的序号）

CLE-1：光的来源与方向

主要光的来源与方向是什么？在白天，最可能的就是太阳，而在夜晚则可能是任何一种人造光。尽管光源可能很明显，主要光的方向就不一定了。在阴天，光的方向就难以判断，但即使是在阴天你也需要寻找并记住太阳的位置。在室内，主要光可能来自一扇窗，它可以被直射的阳光照亮，或仅仅是填充光。这取决于太阳相对于窗户的位置。知晓主要光的来源与方向能帮助你判断区域中的填充光的各种特征，也能帮助你判断光源的根源（比如太阳）相对于你会使用的实际主要光源（比如一面白墙）的区别。

CLE-2：平整表面

在拍摄主体附近，是否有一个相对平整的物体被通过CLE-1判断出的主要光源直接照亮？这可以是建筑的墙体，也可以是一辆卡车，一排灌木丛，或者其他任何平整表面。这很重要，因为大型、平整、浅色的物体是可以创造吸引人的光的绝佳反光板。这类“墙”体可以把日光的方向从竖直变成水平。基于平整物体表面的不同属性，你可以判断反射光的质量、亮度和颜色。

CLE-3：背景

你所见的背景是否是干净且没有干扰的物体，拥有相近的颜色元素（比如棕色或绿色），还是包含了某种图案？注意如果背景在画幅中拥有统一的亮度水平的话是个加分项，因为这会使大部分的注意力集中在你的拍摄主体上。这一点会有帮助，但并不是必要的。

CLE-4：环境光修饰物

在拍摄主体附近，各个物体的纹理、颜色、形状、材质和大小这些属性都是怎样的？这些物体包括墙体、窗帘、床单、门、植物、树、画、汽车等。

CLE-5：地面特征

你的拍摄主体所处的地面有着怎样的颜色、材质和纹理特征？

CLE-6：地面和墙上的阴影

描述一下地面和墙上的阴影。你能在地面上辨别出光影划线吗？光影划线指一块投影与阳光直射处相接的地方。阴影的方向是什么？阴影的暗度如何，阴影边缘是清晰的还是柔和的？如果阴影和它的边缘都是柔和的，你能找出填充光的来源吗？

CLE-7：阴影中的小块纯净光

假如墙上或地上有散布的阴影或者清晰的阴影图案，你能找到小块的纯净光吗？这些存在于散布的阴影、阴影图案或者阴影轮廓中的小块纯净光，可以被当作画面元素来提升视觉趣味。

CLE-8：联通室外的开放结构

拍摄的地点是否有能产生开放阴影的顶棚，或者是三面有墙而一面对外开放的空间，比如一个联通室外的车库？知道这一点会帮助你获取把光的方向从纵向（从上到下）改为横向（边对边）的机会。

CLE-9：光强的差别

拍摄的地点是否具有能在背景和拍摄主体间创造出分离的感觉的光强？这种分离对拍摄主体有益，还是从拍摄主体身上分散走了观者的注意力？

CLE-10：光的参照点

你的拍摄主体的光照基于什么样的光的参照点？你的拍摄主体上的光照与光的参照点相近还是相斥？

创造这个清单的目的是什么？对于初学者来说，开展这样一系列视觉和想象的练习，目的是增加你对光的敏感度，无论是在何种环境中或者情况下。毕竟，摄影是一种艺术形式，而光是它的核心。如果你想成为更好的摄影师，那么就必须比普通人更深入地解读光。

不要试着一上来解决所有问题。出门走一走，试着注意一到两个上述元素，观察地上或墙上的阴影并问自己，“这种哪种阴影，是纯黑并有着清晰边缘的，还是柔和并有着渐变边缘的？”如果阴影并不是纯黑，那么一定是因为别的物体发出或反射的填充光照在了上面，找到这个物体。在漫步的途中，你试着辨认在墙面间反射的间接光的不同强度。随着时间和实践的积累，你将会下意识地注意到越来越多的元素。这实际上是非常有趣的！

这种尽力去辨识环境中光的特性的思想状态完全改变了我，使我从一个依赖猜测的摄影师变成了一个可以控制和利用各种环境的人。接下来的两张照片可以阐述我的原理。请注意这两张照片摄于相似的地点，我手中仅有的是我的单反相机和当时我对环境光的认知。两图中我均没有使用反光板或柔光屏，展现的均是最基本的环境光的例子。这意味着周围的物体是你塑造光照的仅有依靠。

图4.1 是我当摄影师的第一年里最早的人像拍摄之一。如大多数刚入门的摄影师一样，我并没有重视环境光的影响。我把拍摄主体置于我认为好看的位置而不是拥有最佳光照的位置。当时我可能根本都不知道如何找到“最佳光照”，这就是我当时的做法，一位漂亮的年轻女孩置于一面偏暗的质地粗糙的砖墙前，这面墙吸收了大量的光照。照片显示她的右脸又暗又无趣，她的眼睛也因为缺乏光照而没有了神采。背景中的白色凉亭台阶比我的拍摄主体要亮得多，产生了强烈的视觉干扰。灌木丛和长椅也干扰了主体。说实话，我不知道我是怎么想的。这种拍摄“风格”是我早年不成熟的体现，也是我决心掌握光的动力。

图4.1

图4.2

图4.2 拍摄于昨天——就在我写下此章之前。就如我之前提及的，拍摄这张照片仅仅用到了我的相机和好得多的对于环境光的认知。这张照片是相机直出的，仅有的编辑是祛除皮肤上的瑕疵和非常微量的皮肤处理，总共编辑时间大约1分钟。我提到这点是让你知道相机直出完全可以达到这种效果，你只需要掌握相应光的知识。

图4.3 是幕后照片以及对实际情况下的基本环境光的解读。当我首次给观众们展示这张照片时，他们的反应是，“天哪！你是怎么采光的？你用了什么器材？”当我

图4.3

告诉他们这张照片摄于洛杉矶西部的一条小街上而仅有的器材是我的相机时，他们都表示难以置信。

太多的摄影师把厉害的作品归功于昂贵的器材。但在现实中，无论有没有器材，如果光就在那里而你懂得如何去解读它，你就能创造出美丽动人的画面。利用**图4.3**，我将采用问答的对话方式讨论十大环境光元素，来理解和分析这幅模特Sydney Bakich的美丽照片。

1. 光的来源与方向

直接光和最亮的间接光的来源与方向是什么？这会帮助你决定主要光和填充光

的来源。

主要光的来源是左上方的太阳，标示为**图4.3**中的编号1。最亮的间接光来自白墙（编号4）。于是反射的光打到了带有植被的墙上，标示为编号2。

2. 平整表面

最亮的间接光的光强照亮的是哪个平整表面？这可以是某种墙、一辆卡车、一排灌木等。

带有植被的墙（编号2）相对平整，接受了白墙反射的大部分光。然而，这面墙并不是填充光的来源，因为按照光的颜色特性，暗绿色的植被和暗棕色的墙体吸收了大部分的光。此外，光的离散特性表明纹理复杂的植被墙会把光线向各个方向反射，使反射的填充光变得微弱而不可预测。

3. 背景

背景是否是干净且无干扰的、拥有相近的颜色元素（比如棕色或绿色），或包含了某种图案?

模特Sydney身后的墙（编号2）并不是填充光的良好来源，但它却是一面绝佳的背景墙，因为它具有和谐的绿和棕的颜色元素，植被均匀地分布，创造出了不错的背景纹理。此外，画幅中均匀的光照等级照亮了墙体，也是一个加分项。

4. 环境光修饰物

在拍摄主体附近，各个物体的纹理、颜色、形状、材质和大小这些属性都是怎样的，比如墙体、窗帘、织物、床单、门、植物、树、画、汽车等等?

被照的很亮的墙（编号4）是白色的。根据光的颜色特性，白色反射大部分的光而几乎不吸收，是绝佳的反射色。白墙相对于模特而言也大得多——起码是她大小的50倍。拥有光的相对大小特性的知识，我们就会知道当模特面对着墙时，她的脸上就几乎不会有阴影存在。因为人脸曲线而产生的仅有的微量阴影会是非常柔和的，阴影边缘也基本无法辨认。光从所有可能的方向照到脸上，因此较深的阴影无法生成。白墙有很浅的纹理，但并不够达到影响我们对光反射的预测的程度。为了得到最大化的光强，拍摄主体尽可能地接近白墙。根据光的平方反比定律，拍摄主体离光源越近，获得的光强就越大。正是拍摄主体与墙体极为贴近的距离给了Sydney熠熠生辉的光芒。

5. 地面特征

你的拍摄主体所处的地面有着怎样的颜色、材质和纹理特征?

Sydney站在了黑色沥青路面上。因为黑色的缘故，路面吸收了大量的光而几乎没有反射。然而在这个例子里，我拍的仅是她的头部和肩膀。另外，白墙（编号4）从上到下被太阳均匀地照射。这意味着无论地面吸收了多少的光，白墙底部的反射都会补充起来。白墙从头到脚完美地照亮了她。

6. 地面和墙上的阴影

描述一下地面和墙上的阴影。阴影的暗度如何，阴影边缘是清晰的还是柔和的?如果阴影和它的边缘都是柔和的，你能找出填充光的来源吗?

由太阳的位置和棕墙（编号2）创造出的一片阴影很暗，有着清晰的阴影边缘。在大多数情况里，地面扮演了竖直向上朝着拍摄主体反射光线的角色，但在这个例子里，白墙是如此之大，并且从上到下均匀地被太阳照射，以至于缺乏的任何地面垂直反射光都被它补偿了。

7. 阴影中的小块纯净光

假如墙上或地上有散布的阴影，你能找到小块的纯净光吗?

在这个例子里，我没有把墙上的阴影或者地面来作为我摄影创作里的画面元素。

8. 联通室外的开放结构

拍摄的地点是否有能产生投影的天花板，或者是三面有墙而一面对外开放的空间，比如一个联通室外的车库?

本例中不存在任何屋顶或者房间元素。

9. 光强的差别

拍摄的地点是否具有能在背景和拍摄主体间创造出分离的感觉的光强?

在这个例子里，拍摄主体和背景有着相似的照射光强。背景的光照等级仅稍暗于Sydney。因此Sydney差不多与背景融合了。

10. 光的参照点

你的拍摄对象的光照基于什么样的光的参照点?你的拍摄对象上的光照与光的

参照点相近还是相斥?

照片显然拍摄于日间。因此光的参照点是太阳。照在Sydney身上的光的视觉和感受与日间室外摄影的预期相符。

最大化利用十大环境光元素

训练你的大脑用异于常人的方式去解读光，需要专注和坚持。勇于接受这个挑战的人将会在摄影技艺上突飞猛进，获得巨大的回报。

面对现实吧。你估计在想，“每次我要拍个照片的时候，难道都得过一遍上面那些问答？”没人指望你在拍照的时刻站在那里去想着所有这些。但是如果你买了这本书，说明你可能想扩充摄影光学的知识。如果确实是这样，那么我希望你在这个过程里一步一步来。

掌握熟练解读环境光的最佳方式是在你没有压力的时候进行练习。正如我之前提到的，在一天中的不同时刻出去走一走，把十大元素放在心头。散步的时候想着它们。一开始，每周两到三次的练习能激活你的大脑，训练它去思考周围环境的光的特性。之后，在实际拍摄时，你就会迅速下意识地想起十大元素里的一到两个。

如果是刚刚开始学习所有的CLE，我建议你从以下几项开始：CLE-1，CLE-4和CLE-6。从CLE-1开始是因为它是其余所有CLE的原动力。所有的CLE都取决于照亮拍摄主体的光的源头和方向。接着，CLE-4会让你意识到拍摄主体附近所有的光的修饰物。所有的物体都会传播、反射或吸收光线，知晓拍摄主体周围的物体是如何影响光的质量和亮度的很有必要。最后，为了在任何情况下迅速最大化光照，CLE-6很可能是最值得考虑的一个CLE。我把地上阴影的方向和光影划线当作指南针，指引我选择能产生最动人的光的拍摄角度、旋转拍摄主体的方向来塑造光照效果。

通过练习，你开始能够一次注意到四至六个元素。不用多久，你就能在脑海里结合所有十个元素并在摄影中巧妙地应用它们。做到这点需要不断的练习、专注和求知的渴望。

辉光区域

“辉光区域”描述的是这样的一个地点：环境光元素恰当地组合，使得位于其中的拍摄主体开始熠熠生辉。通过不断的实验，你就会清楚哪里有辉光区域。这种类型的光照通常是由强烈的日光在大块的反射性表面之间反射（通常是白色）造成的，比如墙面。假如你的拍摄主体站在了这样的两面墙之间，他就会获得创造了辉光区域的相对高强度的、柔和的光。这样的光必须是相对高强度而又柔和的。

当然，还有很多其他的方式去获取这种辉光。这便是组合和尝试各个CLE的乐趣所在！举个例子，当阳光同时在快递卡车和淡灰色的人行道上发生反射时，你也可以在这样的地方找到辉光区域。当拍摄主体处于辉光区域中时，你的相机设定就会符合我将在第7章里讲到的光的基准参数。

第5章

探索十大环境光元素

在第 4 章里你了解到了摄影的潜力和精通环境光带来的回报。那一章也讨论了摄影师是如何操纵环境光、结合太阳或其他主要光源把环境中的物体变为控光工具的。本章则会展示解读环境光的能力是如何帮助摄影师拍出惊艳的照片的，无论有没有昂贵的光学器材或者助手。光从昂贵的布光配件上还是砖墙上反射并不重要。基于墙的纹理和形状，只要它是个良好的控光工具，大部分情况下光的特性仍保持相似性和可预测性。

如果我们拿大多数可以在器材商店买到的光配件与日常生活中的物体相比较，很容易能发现它们塑造光的能力的相似之处。举例来说，你可能注意到廉价反光板的表面并不完全平整，而一个制作精良的反光板则有着非常平整的表面。当光从表面反射时，表面越平整，光线的反射就越可预测，而当表面粗糙不平时，就会产生一些向不同的方向反射的光线。你邻居家的墙也遵循着同样的道理。如果墙是平整光滑的，那么它反射的光就是可预测的。如果墙有很重的纹理，那么这些纹理就会把光反射到各个方向，使反射光的行进路线难以处理。假如你把从器材店买来的红色色片罩在你的光源上，你的拍摄主体就会被红色覆盖。同理，当太阳照亮了一面亮红色的墙时，你的拍摄主体也会被红色覆盖。阳光穿过窗户或者织物的效果类似于罩上柔光罩的影室灯。一扇大的窗户相当于一个大型柔光屏。当然，操纵光的摄影器材与日常物品间还是存在区别的，但是如果两者的材质、形状、大小和纹理都非常相近时，光就会有相似的表现。两者的一个重大区别是，当摄影师利用环境光时，建筑、汽车、墙体或者任何其他能被当作控光工具的物体通常都是不可移动的。因此，摄影师只能移动拍摄主体以获取最佳的位置。与之相反，使用摄影器材时，你可以移动它们。

完美的方法

成功提高利用环境光的能力的关键，是时刻把第3章中介绍的光的五大特性和第4章中介绍的十大环境光元素与你身边的物体关联起来。我再怎么强调这一点的重要性都不为过。

光的五大特性：

- 角度
- 平方反比
- 大小
- 颜色
- 离散

十大环境光元素：

- CLE-1：光的来源与方向
- CLE-2：平整表面
- CLE-3：背景
- CLE-4：环境光修饰物
- CLE-5：地面特征
- CLE-6：地面和墙上的阴影
- CLE-7：阴影中的小块纯净光
- CLE-8：联通室外的开放结构
- CLE-9：光强的差别
- CLE-10：光的参照点

基于光的特性和环境光元素的场地分析

在**图5.1**中，太阳直射着编号1位置的白墙。因为日地距离是如此遥远，太阳本质上是个小型的光源，所以它投下的阴影永远是清晰的。这对我们来说是幸运的，因为这意味着我们只需柔化强烈的阳光即可。不借助任何器材柔化直射的阳光的重要方式是利用墙面、地面、物体等。编号1的墙既白又平，同时，这使得它成为了非常有效的反光板，向编号2的浅棕色墙面反射出高强度的白光。编号2的这面墙也均匀地受到来自标记为编号6的灰色平滑人行道反射的间接光照。平滑的浅灰色人行道（编号6）意味着它能从地面向上反射纯净、垂直、均衡的日光。编号2的这面墙是作为拍摄背景的绝佳选择。它平整、没有干扰、颜色单一且采光均匀。假如我让我的拍摄主体坐下，他/她的脸就会离照亮的人行道（编号6）更近，根据光的平方反比定律，物体离光源越近，光强就越大。较窄的屋檐（编号5）起到了屋顶的作用，提供了足够大的投影（编号4）保护拍摄主体免受日光的直接照射。标记为编号3的棕色砖墙也对对面的墙体（编号2）起到了反射板的作用。然而，因为三个原因这面墙（编号3）

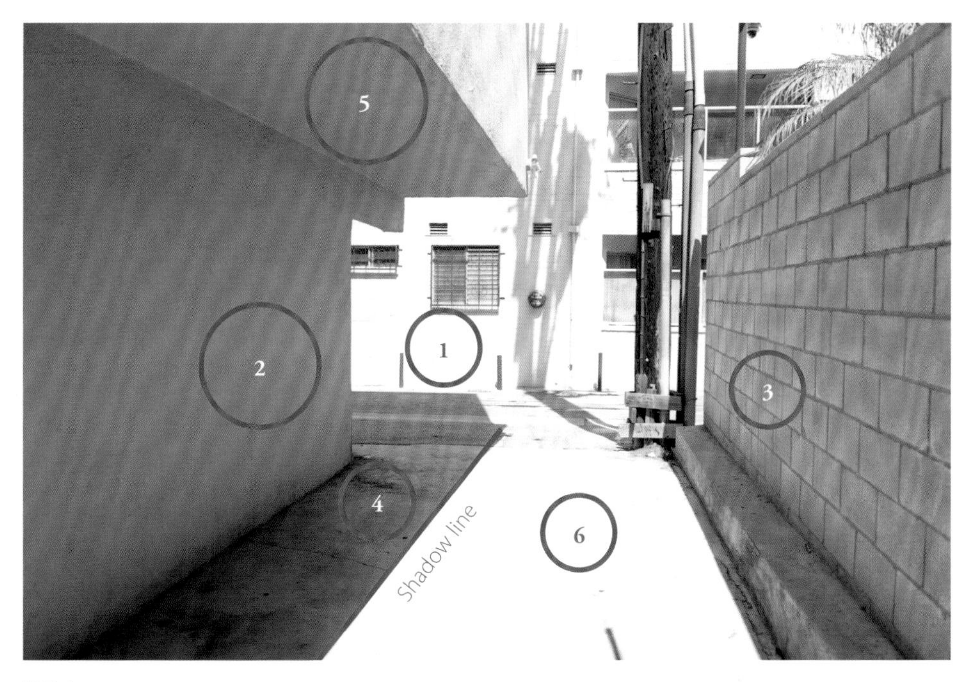

图5.1

的反射性并不如白墙（编号1）那么有效：它并没有受到日光的直接照射，它是棕色的而不是白色，且砖体的纹理更明显。

基于所有上述的原因，拍摄主体的理想地点应位于编号4的位置，离照亮的人行道尽可能的近。假设你没有助手也没有除了相机以外任何的器材，这个位置非常有优势。

从阴影判断，**图5.2**摄于正午。明显的标志是：树荫（编号3）位于树的正下方，

图5.2

树荫在草地上投下的范围与树的最大圆周范围相同。根据光的颜色特性，照射下来的阳光在穿过树叶（编号4）时会带有一些绿色的光染。因此，位于树荫（编号3）里的拍摄主体会染上绿色，同时草地也会反射上来一些绿色。绿色太多了！

如果把拍摄主体置于编号1附近的位置，光就变成了来自太阳的均衡日光。然而，因为太阳直射在此处的草地上，地面反射上来的绿色光染会变得更强。如果你的拍摄主体坐在编号1附近的位置而不是站着，光染就更强了。因此，我会选择把我的拍摄主体置于人行道上（编号2）。人行道的平整和光滑令它是个很符合预期的不错的反射板，它的灰色使反射光不带光染。而草地（编号1）不仅会带来绿色光染，它的纹理还会导致大量的光线被吸收。

图5.3中的环境可能让你感觉是个不错的拍摄地点，但在我看来恰恰相反。首先，这张照片摄于午间，但墙上并没有植物投下的阴影。这说明光绝对是很平的。其次，注意地面是棕红色的。根据光的颜色特性，暗色会吸收光——而不是反射光——这是阴影缺失的另一个原因。从棕红色地面反射的垂直方向的光根本不足以形成阴影。如此的环境出不了好作品。如果能这样去分析不同的地点，你就会知道这个地方一点用都没有。

图5.3

让我们看**图5.4**。在第4章里，十大环境光元素中的CLE-7提及，如果墙上有散布的阴影的话，能否找到小块的纯净光？在这个例子里，答案是能。地面上（编号1）和墙上（编号2）的阴影既清晰又长，表明树是被阳光直射的，时间是在下午。通过观察照片中阴影的拉长程度，你就可以预估拍摄的时间。最重要的是，编号2的墙有着单一的颜色：奶白色。奶白色近似于白，明亮而具有反射性。如果从街的方向朝

图5.4

着墙拍摄，墙的亮度能创造出拍摄主体和背景间的分离感，同时墙面反射的光可以充当照亮头发的光源。墙上的阴影之中确实有着小块的纯净光。如果把拍摄主体的头部置于这块纯净光（编号2）的中央，它的大小足够拍摄一张有趣的半身人像了。但是，阳光来自于右上角，因此摄影师不得不根据光的方向来调整拍摄主体的头部朝向，以避免脸部产生阴影的干扰。

为了让画面集中，取景范围不得不像图中的红框一样小。平滑的灰色人行道（编号3）受太阳直射，向拍摄主体提供了大量的填充光。在这样的环境中，人像因为受太阳直射，所以你需要格外关注清晰的阴影落在你的拍摄主体身上的位置。没有第二面墙或者其他的东西来柔化光线。在阳光直射下拍摄人像如果处理得当就会非常有效果。

第4章的首个环境光元素（CLE-1）提到，“直接光和最亮的间接光的来源与方向是什么？这会帮助你决定主要光和填充光的来源。”在**图5.5**这个例子里，这个问题就有点麻烦了。某种程度上我们有两个直接光和少量填充光的来源。天空（编号1）明显提供了垂直的光照。然而，地面是黑色的（编号4），意味着只有很少的反射光。仔细观察的话，你会发现我的脸（图中男性）朝向了地面，看起来很暗是因为地面吸收了所有的光。这条有趣的后巷位于澳大利亚的墨尔本，布满了主要为暗色的涂鸦。尽管墙是平的，暗色仍然吸收了光（编号2和3）。仅有的水平方向的光来自于小巷的入口和出口。我妻子和我正走向出口的方向，她的脸被强烈的水平方向的光照亮了。因此，入口和出口（编号5）成为了第二个主要光源。由于几乎不存在填充光，在此处拍摄的人像很可能有着非常戏剧性的光效。

图5.5

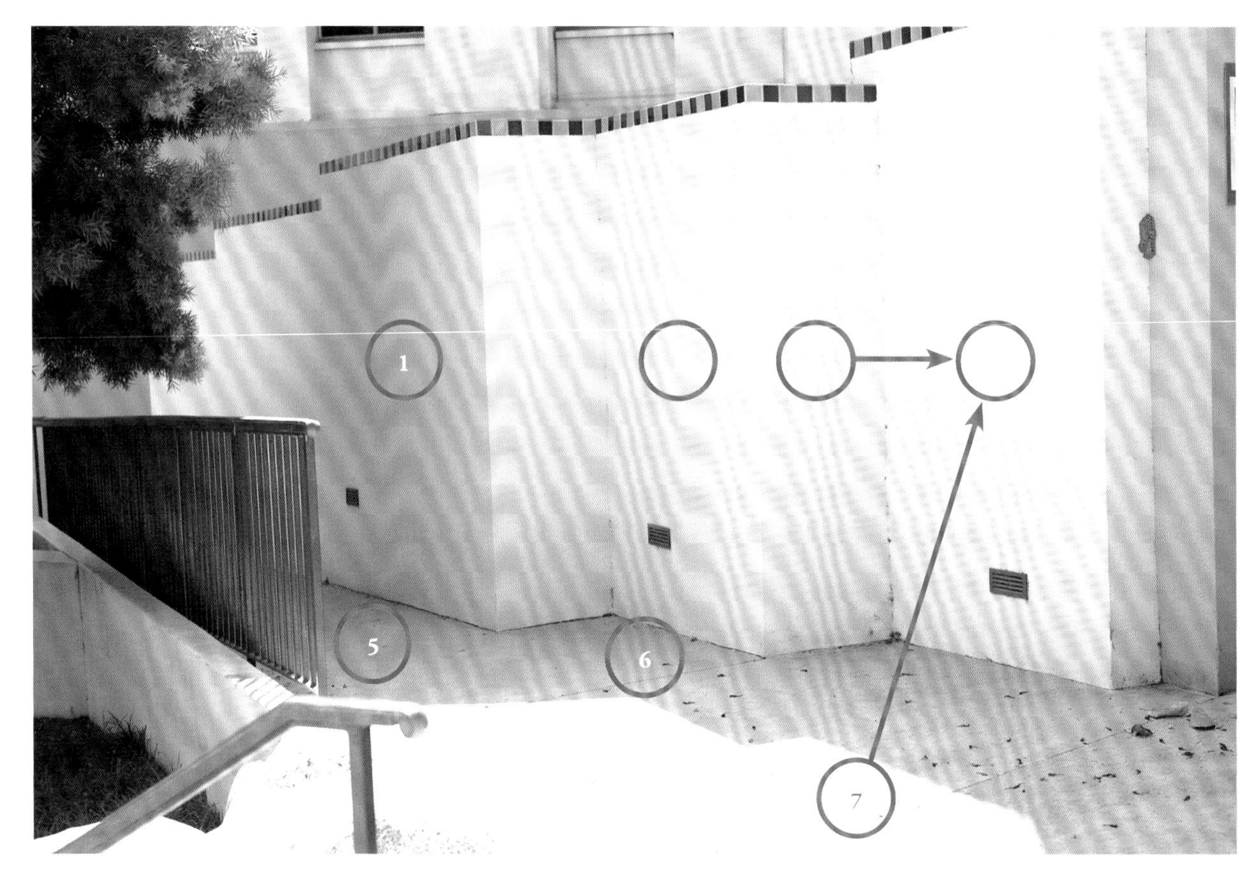

图5.6

图5.6是很重要的一张图，因为对我来说，它的关键性不仅在于能够帮助我们找到环境中的最亮间接光，还能让我们理解这种光之所以如此的原因。你应该问自己，“为何那片墙这么亮？”在这个例子里，我们聚焦于这个“为什么”。很明显左墙（编号1）是所有墙里最暗的。中间的部分（编号2）有中等的光强。右墙（编号4）则最亮。它被最高强度的间接光照亮。我特意指出是间接光，因为这在大多数情况下表示光是柔和的。现在让我们回到“为什么”。如果你转移你的注意力到编号5，你会注意到阴影覆盖了整个人行道。因为人行道是填充光的主要来源，我们需要它获得尽可能多的光照。编号6就要好一些，因为阴影范围变窄了。编号7的区域拥有最多的直射阳光，在垂直方向上反射给了墙面（编号4）。此外，光也打到了侧墙上（编号3），它也给右侧的编号4方向提供了额外的反射光。

在拍摄的过程中，我们必须快速定位最佳的拍摄位置才能创作出有吸引力的作品。所有的地点都有着它们的优点和缺点，机会与威胁并存。但是，地点有时候会弊大于利，比如**图5.7**里的例子。上方的树冠导致了地上过多的斑点光。这样的光非常有干扰性，整个画面都充满了小块的斑驳光影，多到令人眩晕。除非用到拍摄器材，可以看到图中所有编号的位置都几乎不可能避免光的干扰。你可能需要在拍摄主体上方放置一台大型的柔光屏作为一个可以柔化光线的大型光源。但是，图中建筑的墙面更麻烦。如果把光影斑驳的墙面当作拍摄的背景，拍摄主体就会迷失在它的巨

图5.7

大干扰中。这个地点实在是弊大于利。我会选择离开。

在第4章中，第八个环境光元素（CLE-8）提到，“拍摄的地点是否有能产生投影的天花板，或者是三面有墙而一面对外开放的空间，比如一个联通室外的车库？知道这一点会帮助你获取把光的方向从纵向（从上到下）改为横向（边对边）的机会。”这即是**图5.8**中的情形，天花板遮挡了直射的阳光，而联通室外的结构使得光线可以进入室内。类似的环境对于一个有水平的摄影师来说是非常有利的。让我们根据光来分析这个地点。

编号1代表了我放置拍摄主体的理想位置，因为若想获得最多的地面反射光，你必须把拍摄主体置于离光影划线尽可能近的位置。光影划线是阴影与光亮部分的分界线。离这条线越远，你的拍摄主体获得的光就越少。编号3代表了一点点的麻烦之处。阳光确实直射在地面上，但地面是黑色的沥青。根据光的颜色特性，黑色吸收最多的光而反射的最少。因为我们需要依靠地面的反射光来照亮拍摄主体，问题就来了。往好的方面想，尽管地面是黑的，它的平整度也能反射足够的光到编号1的位

图5.8

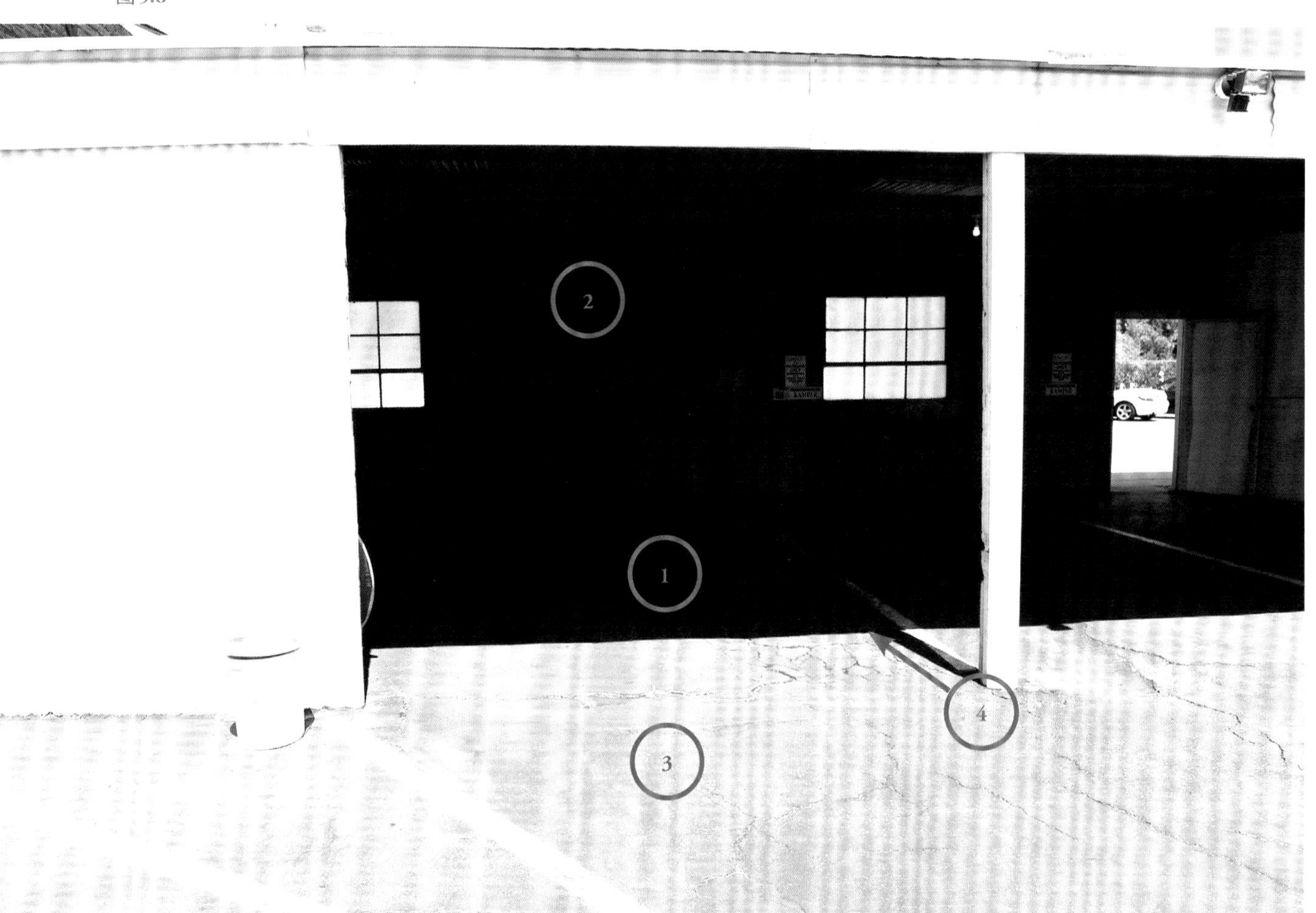

置。自然，如果地面是浅灰色的话就有更多的反射光进入车库内了。编号2代表的是纯净无干扰的背景墙，即第4章中的第三个环境光元素。用你的相机把编号2位置的墙面当作背景的话，照片的关注点就会集中到你的拍摄主体身上了。

编号4代表了光线的方向，与支柱影子的方向一样。你应该总是关注影子的方向，因此通过它们可以辨认出主要光源的位置。这一点在此图中格外重要，因为根据光的角度特性（“光的入射角等于反射角”），阳光从右上方来，在地面发生反射，进入了车库。因此，如果你让阳光从你背后打来面朝支柱影子的方向，你的拍摄主体就能获得最大化的地面反射的光照。这会很大程度上帮你解决了黑色沥青地面吸收光线的问题。正是这样的策略性思考才能带来更好的作品，也是之所以学习环境光的根本原因。

图5.9摄于我18个小时的东京之旅途中。当我在街上漫步时，我注意到背光广

图5.9

告牌（编号1）实际上比看起来要亮得多。人们在走廊中行走，脸庞被编号1位置的广告的光照得格外的美。这张照片明显摄于夜间，因此太阳并不是主要光源。在这种情况下，编号1位置的广告灯箱中的日光灯产生的人造光就成了主要光源。广告面积很大，因此对拍摄上半身人像比较有利，身体和头部都能被光源均匀地照亮。天花板和右侧墙面上一排排的灯泡形成了一种图案（编号2和3），正如第4章中的第三个环境光元素提及的。如果你密切关注第4章中的前两个环境光元素的话（CLE-1和CLE-2），当走过像这条东京的街道这样的不寻常的地点时，你就能看出右侧的广告牌是个绝佳的主要光源。一个生疏的摄影师可能仅仅看见了表面——一个广告牌——而错过了拍摄一幅很棒的人像的机会。

图5.10是个很好的例子，图中的地点属于那种第一眼并不上相，但把第4章中的十大元素过一遍之后就会发现它是个绝好的地方。注意，我专门找了个阴天给这个地方拍的照片。这样做的原因是我想让你不借助阳光就能看出它的潜力。让我们从编号1开始。人行道非常光滑，有着淡灰色的颜色。光滑的特征使人行道成为了非常有效的反光板，淡灰色则使之能够反射接近阳光的平衡光线。编号2：这里有个屋顶。这意味着在阳光明媚时，位于其下的拍摄主体将会受到投下的阴影的保护而不受阳光直射。编号3：屋顶结构下是一片开放的空间，露出一片图案清晰的绿色植被。这片区域是完美的背景选择，各种绿色的叠加并不会产生什么干扰。如果照片用大光圈拍摄，那么这些植被就会在焦距之外而形成一片干净的背景。只要你的拍摄主体不面向植被，他/她就不会沾上任何绿色的光染。编号4：只有浅棕色的树干在一片绿色中显得突兀。如果树干出现在构图中就会形成干扰。因此，我加上一个框来示意最终的构图范围。编号5：这面墙相对光滑但是绿色的。在晴天里，如果阳光直接打到这面墙上，它就会向站在附近的拍摄主体反射强烈的绿色光染。编号6：这是我综合考虑以上各点之后选择放置我的拍摄主体的位置。红色地砖意味着在屋顶投下的阴影的保护范围内，你的拍摄主体要尽可能地靠近灰色的人行道。这样才能最小化地面的红色反光。正如之前提到的，这个地点是绝好的。在一个正常的晴天里，这个地点足够你创作出拥有灿烂光照的人像。

图5.11是另外一个例子，我也是特意在阴天里拍下照片，因为我想让你专注于这个特定环境除了光之外的特点。正如我之前提到的，成为环境光专家最重要的步骤之一，即是理解光的质量、亮度、颜色、强度等背后的“为什么”。看到光然后采取对策，这很好。这并没有什么错。只有理解了光背后的原理的摄影师才能在完全相同的地点发掘出更多用光的机会。

图5.10

图5.11

在这个例子里，栅栏（编号1）由图案单一的竖向木板组成。尽管此时并没有直射的阳光，我们仍可以预测即是有阳光的情况下，右侧的黑色砖房（编号2）还是会吞掉大量的光。更糟糕的是，房子的两扇大窗户（编号3）完全不反光；相反，光线会穿过它们而使得木栅栏获得更少的反射光。最后，同样重要的是，地面（编号4）也是黑色的。因此，竖向的地面反射光和横向的黑墙的反射光都太少了。这种情况下只有采用人造光，比如影室灯或者闪光灯，才能巧妙拍摄出照度足够的照片。但是现在，我们需要学习的是不借助任何器材或者助手、通过组合各个元素的方式来创作出光照惊艳的人像摄影。

在阅读完本章之后，关注于不同地点的光的属性的你，应该可以猜到我为何拍下这张照片（**图5.12**和**图5.13**）。它是一幅我的朋友、也是我的模特Kenzie Dalton的人像摄影，摄于我在拉斯维加斯的“国际婚庆与人像摄影师协会”（WPPI）的摄影课程上。我用iPhone拍下了这张照片，意在向我的学员们展示无论手中的相机是什么，都可以看出光难以置信的美丽。仔细观察，看看你是否能找出光之所以如此美妙的所有原因。

首先，留意太阳的位置。墙上的阴影告诉了你光源的确切方向。让Kenzie背对着太阳使她避免了阳光的直射，同时阳光也能充当头发的光照或背光。接下来，可以看到阳光打在了乳白色的光滑墙面上，这表明墙面会反射大量的拥有吸引人的自然色彩的特质的光。为何她站得离墙这么近？第3章中光的平方反比定律表明，物体离光源越近，获得的光强就越大，光的衰减也就越快。这解释了两个重点：一是为何Kenzie身上的光比周围所有人都要亮，他们离墙也仅数英尺远；二是为何她的右脸比左脸稍稍暗一些。如果你观察**图5.12**中她拍摄的角度，你就能看到她的左脸比右脸离墙更近。这是因为她离光源如此之近，光的衰减很快。她的右脸依然有足够的亮度的原因是环境中大量的到处反射的填充光照亮了她脸部的阴影。

现在让我们解读她脸上的光相比于画面中其他的光线而言，为何如此的柔和与动人。根据第3章中描述的光的相对大小特性，光源的相对大小越大，光就越柔和。如果面对太阳，阳光就会直射到Kenzie身上。因为距离遥远，太阳本质是个很小的光源，会带来很高的对比度和清晰的阴影边缘。然而，在这个例子里太阳仅仅扮演了背光的角色，Kenzie面前的墙面才是主要光源。墙是如此之大，使得光的平方反比定律创造的阴影被填充了。墙面向各个方向反射出乳白色的光，使Kenzie焕发出灿烂的光彩。尽管这仅是个随手的例子，充满了干扰元素也是用iPhone拍摄的，但无疑相对于照片中周围的一切，Kenzie有着无比美丽的光芒。

图5.12

图5.13

第6章

环境光的应用

在第4章中，我们开始了对环境光的探讨，把它定义为一种思考光的独特方式。拥有高超的环境光技艺可以使摄影师在任意环境、任意时间点都能高效地创作出高水准的作品，而无需借助环境光修饰物或其他辅助。然而，只有当摄影师清晰地理解了光的特性，同时与十大环境光元素加以结合之后，才能拥有如此的技艺。现在，我们将会把之前所有的知识综合起来，在实战应用中进行试炼。在进入本章的实例之前，我推荐你们再次复习第3～5章的内容。或许把十大环境光元素列表的那一页拍下来随时备用会有所帮助。

你需要把之前的知识深深烙印在脑海中，才能从使用环境光的熟练技艺中受益。拥有这些知识，你就能从**图6.1**这样的拍摄水平进步到如**图6.2**这般。这两幅图均在户外拍摄，仅仅用到了我的相机，没有闪光灯、反光板、柔光屏或其他任何的辅助。它们唯一的区别就是拍摄者对环境光的了解。我认为像**图6.2**这样的照片并不是一时幸运，它可以成为你的稳定发挥的产物。

接下来在本章里，我们将会完整体验关于环境光的思考过程，这将会用到第4章中讨论的十大环境光元素来分析摄影用光是如何成功/失败的。通过在不同情景、不同限制下不断地体验十大元素的应用，你将能够使这些知识变为持久记忆，而这一思考过程也会变为你的条件反射。我将不会再去重复各个问题，只会告诉你答案。在阅读各个照片的评论和解决方案时，你可以试着辨认应用到了哪些环境光元素、想象物理环境并牢记光的五大特性。为了在这一过程中更加高效，我将仅使用第4章中十大元素相应的代号如CLE-3、CLE-7等。时刻备好十大元素列表，这样你就能在过程中知道我的指代，同时意识到所有的照片都仅用到了我的相机。最后，我特意用到了很多模特Sydney的照片来展示如何通过一次拍摄就能够借助光创造出一系列多样的颜色、对比和光强。

掌握使用环境光的方法和其中的原理

图6.1：我们基本可以认同模特身上的光显得既刺眼又无趣。不论人的外表如何，不当的光线总是会让任何人显得难看。你可能首先就会马上注意到模特右脸上（照片左侧）杂乱而多余的阴影和高光。为什么会这样？这种刺眼、阴影边界分明的光照通常由一个比拍摄对象相对小得多的光源造成。在这里，太阳因其距离遥远，是一个相对小的光源（CLE-1）。因此，阳光以一个特定的角度直射而来。阳光打在模特身上时，光线穿过她的头发，在她脸上产生了明显而又干扰的阴影。如果光源比模特的相对大小大得多，一部分光线就会触及这些由头发产生的阴影，从而减轻或移除它们的影响。这是因为当光源相对大得多时，光线就会从各个不同角度射来，照亮的范围就广得多。CLE-4关注的是周围是否有可以柔化光线的环境光修饰物。在这里，答案是没有。她似乎是站在一个停车场里，身边没有可以利用的墙面来从后方反射阳光到她身上。假如有辆大的白色货车都可以充当相对大得多的光源。图中

看来也并没有多少由暗色的地面向上反射的纵向的光（CLE-5）。高质量的控光工具的缺失使得她的眼睛陷入黑暗，而左脸也因为缺乏地面反射光而得不到足够的照明。结合这些因素，模特头部的朝向角度是错误的。这样的光照显得既无序又业余。

图6.2和**图6.3**：重视十大环境光元素和光的五大特性，在恶劣的光照条件下你也能化腐朽为神奇，就像这组Allison的照片。是什么创造了如此美好的光照效果？尽管太阳是主要光源，天花板却遮挡了阳光的直射（CLE-8）。除了右侧以外，阳光在各个方向都被遮挡住了（CLE-1）。干净的墙壁有着粉色调的涂面，这意味着它们成为不会产生干扰的良好拍摄背景。然而，相比之下电梯门有着更加光滑的表面和更有意思的金属颜色，同时有着更好的反射性。

在思考环境光时，很重要的一点是锻炼自己在观察物体时不要流于表面，而是去分辨它们拥有的光的属性。墙面相比光滑的金属电梯门会吸收更多的光线（CLE-4）。为了最大化利用光照的可能性，我不得不让Allison站在阴影之中，尽可能地靠近阴影边缘。你能看到阴影边缘在出口标志前呈一定的角度，而Allison的位置尽可能地靠近光影在地面交接的位置。这样一来就能最大化利用现有的竖向光线，给了Allison绝佳的从地面反射而来的填充光（CLE-6）。她的左脸（画面右侧）明显比右脸显得亮。这给她的脸带来了维度和深度。从亮面到暗面的渐变也是非常平滑的。在她站的位置有着丰富而饱和的填充光，因此基本找不到清晰的阴影了。双眼的反光让它们看起来熠熠生辉。

图6.1　相机参数：ISO 400, f/2.8, 1/3000

图6.2　相机参数：ISO 200，F/2.8，1/180

图6.3

图6.4：这是一幅我弟媳Sarah的照片，摄于我职业生涯起始的时期。在那时，我自我感觉良好，除非去跟有经验的摄影师比较。我注意到了光线有点不对劲，但我并不知道问题所在也不知道如何去修正。

我仍然记得我当时选择这个地点时的思考过程。我觉得长凳是个拍摄我弟媳的聪明选择。暗棕色的栅栏和植被也是不错的背景。要是当时对光的特性有更深刻的理解，我就能意识到地面和背景的暗棕色吸收了大量的光线。除此之外，地面、长凳和木栅栏都有着很重的纹理，这使它们吸收了更多的光。这即是为何CLE-2关注的是环境中是否有被阳光照亮的相对平整的物体。如果有个大型的、浅色的、光滑的墙体而不是暗色的木栅栏的话，它就能把光反射到我的拍摄对象身上了。她身后的绿色植物实际上非常有干扰性。通过她左前臂与长凳上的阴影和她脸上非常有干扰性的高光来判断，主要光源为从右方投来的阳光。长凳上阴影的长度告诉我们太阳的位置是很低的，因此这张照片最有可能摄于傍晚时分。所有的这些提示信息告诉我们当时的主要光源有着相对较低的光强。在主要光源较弱的情形里，我们必须依靠良好的填充光来提升人像的整体光照质量。

如我之前提到的，在这种情形里，理应提供填充光的物体，比如暗色的木栅栏和地面，实际上是非常糟糕的填充光来源。这些物体把光线吸收一空而几乎毫无反射。另外，她的头部朝向应该针对主要光源进行调整以避免在左眼产生干扰性的高光。

图6.4　相机参数：ISO 800, f/6.3, 1/160

图6.5 相机参数：ISO 200，f/2.8，1/640

图6.6

图6.5和**图6.6**：最近，我用与**图6.4**中拍摄Sarah相似的方式拍摄了我的朋友Laura。Laura需要为她在洛杉矶的经纪公司拍摄一组头像。我决定不使用任何控光工具或闪光灯。我的目标是只携带我的相机，全力关注和依靠环境光来完成拍摄。尽管采用了相似的姿势，Laura同样是卧在一张长凳上，两组照片却相去甚远。Laura照片里的光照远胜于我早期的作品。让我们一探究竟。

首先，原始的主要光源是太阳（CLE-1）。我之所以选择这个地点，是因为这里有个短顶棚能够保护Laura不受阳光直射，要不然太阳就变成了一个小型光源，形成清晰的阴影（CLE-8）。顶棚投下了一小片开放的阴影，意味着区域内的所有填充光都会照亮Laura。我们的目标是找到最高光强的填充光以使Laura获得美丽的辉光效果。使用长凳作为造型道具的决定，实际上在策略上是为了使她更加靠近地面的反射光。我需要在这个地方尽量利用最大的光强。根据光的平方反比定律，你的拍摄对象越接近光源，获得的照射光强就越大。因为Laura处于开放阴影之中，这使得从浅灰色的光滑地面反射上来的光变成了新的主要光源（CLE-5）。这便是为何我让她卧在长凳上的原因：让她尽量靠近地面反射而来的美妙反射光。但在这之前，我需要把长凳移动到尽可能靠近**图6.6**中标示的阴影线（CLE-6）的位置。

这样一来长凳就非常靠近地面的反射光了。能够看出如此布置的必要性的能力是熟练的摄影师必须具备的。假如我没有移动长凳，那么在原先位置处，它的光线就会大幅减弱。此外，注意Laura的头略略朝向了地面的反射光的方向。这个朝向使得Laura的右脸获得了足够的光照，同时也减轻或去除了头发带来的任何可能的阴影的影响。

最后，在高台之间的平整砖墙是浅色的且相对光滑（CLE-2）。这意味着它也可以是个有效的填充光来源和干净的背景（CLE-3）。砖墙唯一的问题来自由顶棚产生的另一条阴影边缘。它改变了整个砖墙的光照水平。这种改变可能是个干扰（CLE-9），所以为了避免它，我仅需要调整相机的位置使画面只包括位于阴影内的砖墙（CLE-6）即可。

拓展你的认知

如果你希望更深入地理解这里的内容，试着创建一个**图6.2**与**图6.5**两者间环境光的相似性列表。你的列表应该能够合理地解释这两张照片之所以显得如此动人的原因。建立起逻辑联系并找出能够产生良好光照的环境光的规律，是判断你在实战中应用环境光的能力的最好检验。

提示：利用两张幕后照片（**图6.3**和**图6.6**）来辅助你找到规律。

图6.7和**图6.8**：在西雅图我的一次私人授课中，学员们被分成若干小组进行摄影练习。不久之后，我激动地叫住了所有人："看看这个神奇的地方！"我的学员们看来看去，困惑不解地说道，"哪里？这儿吗？"在我的兴奋劲过去了一点之后，我意识到我所指的地方并不是那种让人一眼就能看上的拍摄地点。毕竟，Laurel坐的位置是一栋停车楼面向后巷的地方。但是仔细观察的话，这个地点的所有细节就开始显现出来了。

这张照片摄于西雅图，那里的天空时常是多云的。但是即使在多云的日子里，太阳也会有个大体的位置。不用抬头看天就能判断阳光方向的最简单的方法，就是观察物体在地面投下的阴影的位置。在**图6.7**中，云层对阳光造成的分散导致了阴影变得模糊不清，但它们仍然是存在的（CLE-6）。阴影的位置告诉了我们阳光是从右边射来的（CLE-1）。Laurel坐的位置有点像是一个一面开敞的房间（CLE-8）。照片中需要重点注意的一点是"房间"的敞口朝向了光线的来源。这很完美，因为我们打交道的是西雅图阴天下午的弱漫射光，因此我们需要最大化利用环境。

符合逻辑的选择是让Laurel面向光线来源的方向。这会使她的面部尽可能地得到光照。**图6.8**中的墙面是浅灰色的，颜色单一，且质地平滑（CLE-3）。这面墙是作为一个干净、无干扰的背景的理想选择。这面墙低调的质感使得视觉重点更加集中到了人物身上。因为Laurel的坐姿朝向的是光线来源的方向，她自然就会比身后的墙

图6.7

平滑的浅灰色墙

光的方向

图6.8

显得更亮。墙不是朝向光源的方向，而她是。这点强调了CLE-9，告诉我们暗色的背景很好地衬托了Laurel，使得她在照片里更加突出。

图6.9：这张照片是我们根据对此地环境光的分析而得到的最终结果。大多数人可能都会在走过这样的地方时毫不在意，但是美妙的机会几乎处处都有。你只需要有双独到的慧眼。谈到造型，我让Laurel抬头朝向光线的方向以使她的眼窝得到充分照亮。要不然，她的眉骨就会在眼睛上造成难看的阴影。同时能够目睹光的平方反比定律也是值得兴奋的，我们能看到从她胳膊上方转到胳膊下方时光是如何立即陷入黑暗的。记住这点，因为这招可以使你的拍摄对象在照片里显得更苗条。

图6.9 相机参数：ISO 100，f/2.8，1/350

图6.10和**图6.11**：当你的拍摄对象处于室内时，十大环境光元素并不会有什么变化。实际上，唯一不适用的元素是CLE-8。在我的一个课程里，我要展示如何给模特摆造型。当我走进屋子时，立即注意到屋子里环境光的独特之处。太阳是原始光源，但因为光从窗户进来，所以大窗户成为我们新的主要光源（CLE-1）。光的方向自上而下呈很锐的角度，如图中的标示所示（CLE-1）。

然后，窗光以不同的光强打在了白墙上。光的平方反比定律告诉我们，如果一个物体非常靠近光源——确切地说是一个单位——那么这个物体将会受到最大的光强照射。因此，很容易理解为什么离窗最近的墙面（编号1）会是最亮的，而其他墙面（编号3）因为离窗更远而显得不那么亮。但是注意最靠近窗户的墙面（编号1）比其他墙面显得亮得有多少。我觉得几乎得有3倍。通过这个信息，我们知道如果我们根据这面最亮的墙上最亮的点来选择曝光，那么连白墙都会完全变黑。把屋子变暗这一手段与第3章中**图3.12**所使用的手法是一样的。为了做到这点，我们必须让Hans远离编号3标示的墙面，让他背靠着最亮的墙体，如**图6.11**中的编号1所示。

图6.10

图6.11

关于测光的解释

大多数相机都有一系列的测光模式供你使用，它们会指导相机的测光表根据不同的基准来测光。当画面中的光照水平比较均匀——比如说，在一个阴天——相机的测光表就会非常有效地确定合适的曝光。然而，如果你在室内而相机对准了亮处比如说窗户，那么测光表就会偏向于亮处曝光，造成窗前的物体或者人物曝光不足。把相机对准暗处也是同样道理。相机总是会试图保持18%灰度的总体曝光。因此，如果相机拍摄一个非常亮的物体，它就会试图让物体显得更暗以达到中性灰。如果相机拍摄一个非常暗的物体，它就会试图增加曝光以确保中性灰。为了避免这样的情形，相机厂商们创造了不同的测光模式。这些模式指导相机的测光表去考虑画幅内不同比例的区域而忽视掉其余部分。最常见的测光模式有：

评价测光（佳能）或矩阵测光（尼康）：评价/矩阵测光照顾大部分画面，将取景画面分割为若干个测光区域，每个区域独立测光，优先考虑包含焦点的区域。

点测光：点测光以画面中一极小范围区域作为曝光基准点，大约为画面的3%～5%。基本上，点测光仅把你选择的对焦点附近这小片区域中测得的亮度作为曝光依据而忽略其他。（在一些相机里，点测光仅测量画面中心点而与你选择的对焦点无关）因此点测光很适合用来拍摄微距或逆光的人像。

局部测光：局部测光与点测光类似。它们唯一的区别是局部测光的测光区域更大，以你选择的对焦点附近一片区域作为曝光基准，大约为画面的8%～12%。（和点测光一样，在一些相机里局部测光仅测量画面中心一片区域而与你选择的对焦点无关）

中央重点平均测光：这种测光模式测量的是整个画面，但会更侧重于画面中央区域，因此被称作“中央重点”。这种测光模式与你选择的对焦点无关。无论对焦在何处，它都会以同样的方式测量。

我的工作侧重于拍摄人物。因此，对于我来说评价测光（佳能）或矩阵测光（尼康）更为常用，因为拍摄对象通常会占据大部分的画面。如果我拍摄的是昆虫或鸟类，点测光就会更为适用，因为昆虫或鸟类只占画面很小的一部分。我认为熟练掌握一种测光模式会很有效。你应知晓它在不同情景下的运作方式。只有这样，你才能预测相机会如何测量场景，使你能够在拍下照片前做出曝光调整。

图6.12：这张照片即是上文讨论的拍摄技巧所得的最终结果。相机参数如你所见，通过让Hans靠在图中编号1位置的墙上使他正好置身于穿过窗户倾泻而下的大量阳光之中。这张照片是相机直出，用黑白模式拍摄。完全没有任何后期处理来使画面中任何区域变亮或变暗。它展示的是通过掌握光的特性使你知道何时何地能创造出这样的作品。从不让我失望的是光的衰减是如此的快，让一间白色的屋子完全变成了暗室。考虑到室内的实际状况，能够拍摄一张最终结果完全出乎意料的照片，是一件多么让人兴奋的事。这就是光的魔力！摸索和寻找因为光的平方反比定律而得以实现的机会，会为你带来一系列全新的创作可能。

图6.12　相机参数：ISO 200，f/2.8，1/2000

图6.13：这张照片是一个寻找和利用CLE-7提到的小块干净光的很好的例子。小块干净的、高强度的光常见于墙上、卡车上甚至是地面上。在这个例子里，我在通向祭坛的大理石台阶上看见了一块干净的强光（编号1）。太阳是原始光源，但因为阳光是穿过窗户而来，所以窗户成为了新的主要光源（CLE-1）。尽管穿过窗户的阳光轻微地改变了方向但这不足以使光线发散开来。从太阳到照亮的台阶之间仍可以很容易地画出一条直线。这种小块干净的强光随处可见，但你必须通过充足的训练才能发掘它们。在这个例子里，阳光在穿过右方的窗户时，将台阶的一部分照得很亮。

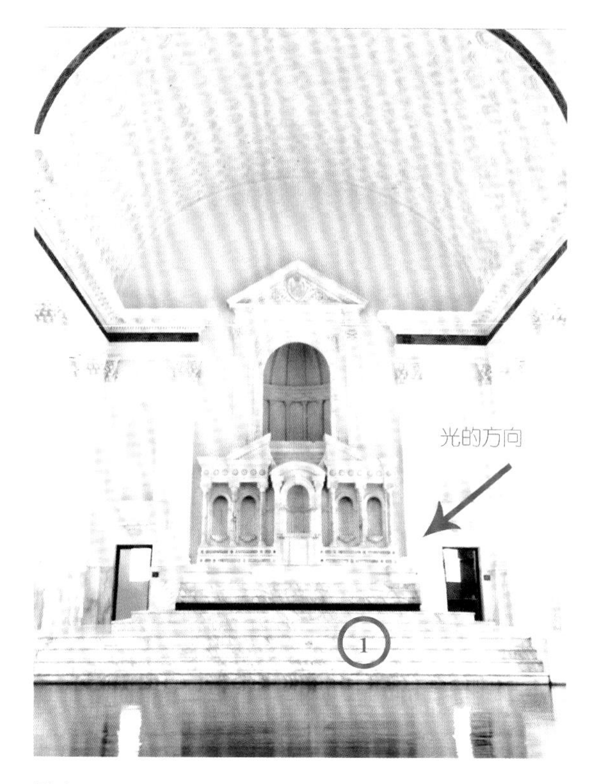

图6.13

为了利用上这种动人的光，我让我的模特Dylan脸朝上躺在这片位于大理石台阶上的光亮的中央（编号1）。她一躺下，我就调整她的位置以确保她的脸受到了这片光亮里最高强度的光的照射。请注意在这个例子里，Dylan被直射的入射光照亮，而不是反射光。同时，通过调整她的姿势使她的下巴抬起朝向太阳，直到她的眼窝得以清晰地呈现。没有这个姿势的调整，她的眉骨就会在眼睛上投下阴影。最后，我让她闭上眼睛以营造我想要的氛围，如此也能让她的眼睛更好受一些。她的纱裙被用来当作构图的修饰，遮挡住了大理石台阶，同时也进一步增加了光和影的戏剧化对比。一箭双雕！

图6.14展示了找到并正确利用好小块干净强光的最终结果。

图6.14 相机参数：ISO 100，f/6.8，1/800

朝向阴影的方向拍摄的技巧

在晴朗的白天里，在拍摄对象面部获取干净光照的有效方法之一，即是找到你的拍摄对象影子的方向，让它帮助你选择你和你的相机的位置。白天里你可以在任何时间任何地点使用这个技巧，直到阳光弱到无法投下阴影。基于所处环境的环境光元素，你就能在你的拍摄对象面部获得良好的填充光。接下来让我们一起探索。

图6.15：这张照片的拍摄地点位于加州Beverly Hills的Greystone Mansion。尽管像这样小径两旁并排而列着树阵的地点在摄影师中很热门，实话说我并不感冒。我关心的是此时此刻是否有绝佳的光照条件。不要被这种地点诱惑，要被光诱惑！太阳是直接光源（CLE-1）。这对情侣所站位置的地面平整、浅灰、相对光滑且受阳光直射，这让地面成为了一个非常有效的反光板（CLE-2和CLE-5）。从地面反射而来的光成为了我所需的填充光，给了情侣的脸庞一种吸引人的光辉。背景构图由树阵组成，把情侣框在了中间（CLE-3）。小径两旁的树阵呈深绿色且纹理很深，意味着它们会吸收大量投来的光。这即是为何我让这对情侣面对对方而不是朝向树阵，使从地面反射打到脸上的填充光得以最大化（CLE-4）。所有这些CLE元素都受到了我的关注，因为我知道它们会带来高质量的光效。

其中最重要的元素是CLE-6。这个环境光元素关注的问题之一是："阴影的方向是什么？"**图6.15**中的箭头清晰地标示出了我的客户的阴影投下的方向。你需要做的就是站在阴影的同一侧，朝向阴影的方向拍摄。注意你不用站在影子里面，只需要站在同侧即可。这样太阳就来到了你的拍摄对象的身后。你的拍摄对象前方的光只有填充光。而填充光的质量、颜色和强度均取决于各个环境光元素。在这个例子里，所有的CLE都是完美的！正因为如此，这个地点得到了我的注意——并不是因为它的美，而是因为这些CLE完美地组合在一起，创造出一种能够拍出绝妙人像的惊艳光效。

图6.16：拍摄这对情侣的订婚照时，我们需要尽快结束战斗，因为当时实在是太热了。利用阴影方向的技巧使我们能够快速创造美妙光照的图像。这里是另一个类似情形——让我的客户的侧面而不是正面朝向我。再一次，我站在了阴影同侧，朝向他们拍摄。他们身后强烈的阳光在取景器中并没有产生任何可见的聚光点。此外，地面营造出高质量的、均匀的填充光。除了相机和拍摄对象外，你什么都不需要就能开始拍摄。用这种方法，即使拿手机拍摄都能有不错的成果。

图6.15　相机参数：ISO 200，f/4，1/640

图6.16　相机参数：ISO 200，f/2.8，1/640

图6.17：为了拍摄非凡的照片，我想通过展示这最后一种类似情形来强调注意填充光来源的重要性。首先，拍摄时我站在了阴影的同一侧。这使得从相机的角度能获取干净的光照。地面有着许多能够创造出极好的填充光的CLE属性。填充光是如此的强烈，都照亮到了模特的脸庞。这让我得以让她侧过脸来，从而显得更加美丽和优雅。如果填充光很微弱，我就需要依靠墙面来反射光到她的脸上了。但是在这个例子里，墙并不存在。仅有的是地面，所以我需要依赖它。摆造型和光效通常紧密结合。我总是根据光照来调整姿态。注意图片中模特从头到脚都笼罩在了漂亮

图6.17　相机参数：ISO 200，f/2.8，1/800

的光中。

填充性窗光与直射窗光的比较

图6.18 相机参数：ISO 320，f/2.8，1/3000

图6.18：对任何摄影师来说，熟练掌握环境光无疑都是非常有益的。每个见过这张Dylan的照片的人都会夸赞它的光影效果，询问我使用了什么照明器材。这张照片并没有使用任何器材，同时几乎是相机直出，除了一点点的磨皮。我注意到了很多CLE，但是只有其中的一个起到了最具影响力的作用。

如果你猜的是CLE-7，那么你猜对了。请看左侧的墙面。那是一片很不错的干净光。更妙的是，光是穿过右侧中等大小的窗户而来的。这块干净光很可能比其余的墙面亮3到4倍，因为太阳的位置是能直射窗户的（CLE-1）。大多数时间里，窗户只会射入填充光，远达不到创造高对比度的程度。但这个例子十分独特，因为穿过窗户而来的光是直射的阳光。换句话说，如果你此刻站在窗前向外看，你能看到太阳就在你眼前。室内的窗户与太阳直接对接起来，这种情形是很少见的。

这也是为何这幅照片的光效显得很有力量。墙面很平滑且是浅奶油色；因此它成为一个出色的填充光反光板（CLE-2和CLE-4）。注意在这个例子里，大多数的光都是水平传播的。它们自右侧窗户进入，在左侧的墙面反射。把你的拍摄对象置于这种光线往复反射的位置中间，你就能获得如图这般的结果。请记住光的平方反比定律。如果我让模特站在了离窗户更近的地方，她就会被更强的光照射，这会使我不得不调整曝光来抵消多余的光。你是否还记得在第3章中，我们讨论了为何物体离光源越近，光的衰减就越快吗？现在，仔细看Dylan的左臂。在她的肱二头肌附近光显得美好而明亮，但是顺着她的胳膊向下，光迅速衰减，几乎是一片黑暗。你之所以还能看见她的后背，是因为她身后的墙面向她反射了填充光。我很喜欢这种平衡。在我看来，她脸上的光很明亮，而后背的光则很柔和。我认为这显得很优雅。我本可以选择让她更靠近窗户，但结果就会是光更快地衰减，填充光也离她的后背更远了。这会大幅减弱戏剧性的效果，显得不再优雅。

图6.19：我觉得把我作为摄影师的职业生涯初期关于光和地点选择的思考过程放在这里很有意思。**图6.18**和**图6.19**拍摄的都是站在台阶上的美丽新娘。对于**图6.19**，我当时是这么想的："嘿，瞧瞧这个漂亮的楼梯！我见过挺多的摄影师都拍过楼梯上的新娘。就在这拍了，绝对错不了！"当时根本没有考虑到任何环境光。我完全被地点所吸引，对糟糕的光照条件没有丝毫注意。即使我不得不把ISO提高到3200，都没有留意到这点。现在，在**图6.18**中，正是我对于环境光的知识使我能够意识到此时此刻在楼梯上的绝佳拍摄机会，并不是楼梯间本身的美好吸引了我；是光！它带来的影响不言自明。

图6.19 相机参数：ISO 3200，f/4.5，1/125

光的参照点的重要性

图6.20和**图6.21**：在第4章中，最后一个CLE关注的是，"你的拍摄对象的光照基于什么样的光的参照点？"这个CLE对于实现画面真实感而言非常重要。许多摄影师在初学闪光灯时，喜欢用它照亮一切，即使在充满了特点和氛围的室内环境里，这种做法也屡见不鲜。另一个常常发生的情景是在日落海滩上拍摄情侣时，虽然氛围非常温暖浪漫，拍摄者仍要用闪关灯的显得很假的白光去毁掉当时的氛围。那么问题来了，照亮的光要从何而来呢？

CLE-10强调的即是这个问题。闪光灯在手也不意味着你就要用到。如果你一定要用，起码先试着在闪光灯上加一个CTO橙色滤镜（橙色色温）把白光变暖。打在你拍摄对象上的是光起码要与环境相符。如果不符，光就会显得很假。在这个例子里，我并没有带着闪光灯，仅仅用到了我的相机。当时我的妻子Kim、我的好友Mike和Julie Colon夫妇、与我一起在罗马街头散步。积水以一种完美的方式倒映着著名的罗马斗兽场，但是仍然需要合适的光线才能使画面完整。

这是夜晚的街景。区域内仅有的光源是建筑灯光、路灯和车灯。所有这些光源都有黄色的色调。即使我带了闪光灯我也不会用它，因为它发出的白光会毁掉场景中所有其他的光。它就是不合适。所以我让Mike和Julie站在积水前等待车辆经过，这样车灯就能照亮他俩的脚。现在这个画面就是完整的了，没有用到任何打光器材。我在每次构思拍摄时都会思考光的参照点（CLE-10）。在拍摄室内或日出/日落的场景时，CLE-10需要你额外的关注。

图6.20

图6.21　相机参数：ISO 1600，f/4，1/80

在直射的阳光下不借助任何控光工具拍摄（阴影管理）

晴朗的白天里，在直射的阳光下拍摄而不用到任何反光板、柔光屏或闪光灯看起来是灾难性的。最大的问题所在是直射光会在我们的拍摄对象上投下难看的阴影。由于距离遥远，太阳是个相对小的光源，它产生的阴影总是会很暗且有着清晰的轮廓边界。在直射的阳光下拍好照片的关键就是阴影管理。无论是男人还是女人，由直射阳光产生的高对比度会使你的拍摄对象看起来非常诱人，前提是阴影落在了恰当的位置。

在直射阳光下拍摄人物时，有时候难看的阴影无法避开。人的面部有很多曲线和隆起。在相对较小的光源照射下，眼睛、鼻子、下巴和面颊处的骨头都会造成阴影。如果你有柔光屏，把它置于拍摄对象的上方柔化光线即可。但如果你手边并没有任何可以帮到你的东西，那么你就必须屈服于太阳了。注意太阳的位置，一旦你找到了，你可以让拍摄对象朝向它。因为太阳总是在上方，你必须让拍摄对象抬起下巴直到干扰性的阴影消失。

图6.22：在这幅照片里，我没有让Sydney抬起下巴或者面对太阳。结果就是她的眼睛被阴影覆盖到几乎看不见的程度。她的鼻子投下的糟糕阴影几乎触到了上嘴唇

图6.22 相机参数：ISO 100，f/6.3，1/800

的位置。除非你要的就是这种混乱的感觉，拍出的照片可以说是失败的。那么，怎么来修正呢?

图6.23：这里，我让Sydney抬头面向太阳。这是一个慢的过程。采用这种造型，让拍摄对象面朝太阳，浸在阳光里。在他/她动的时候，你要告诉他/她尽量慢，这样就可以观察面部阴影的移动和变化。我的个人喜好是抬头到阳光能完全照亮眼窝为止。在这个例子里，我让Sydney闭上了眼睛。这不仅让她看起来很性感，也避免了阳光直射到眼睛里。阳光从右上方来。因此我选择去除靠近太阳的那边脸上的阴影。她的右侧不可避免地会有阴影，所以我让她用右手托起头发盖住右脸来隐藏干扰性的阴影。在这种情形下拍摄，你应该会选择让一边的脸不带阴影。如果拍摄的是情侣，你可以让一个人的脸挡住另一个人带阴影的脸。接着仅需要让另一边的脸置于阳光之中，就成了！在这个例子里，我认为她的下巴和颚骨在脖子上投下的阴影并不造成干扰，因为处在了脸部之下。

图6.23　相机参数：ISO 100，f/6.3，1/640

图6.24：这是一个没有任何设备辅助的情况下在阳光直射时拍摄情侣的例子。为了拍好这张订婚照，我不得选择一个能够避免客户脸上产生阴影的造型。为了确保这一点，我让他们拥抱在一起，女士的脸朝向太阳。接着我让男士亲吻女士的左脸并紧紧抱住她。这使得他们笑了起来，而当人们笑的时候，眼睛就会闭起来。他们笑得越开，眼睛就会闭得越紧，就越容易避免阳光直射到眼睛里。要是大笑的同时保持眼睛张开，看起来是很惊悚的！

男士头部的倾斜足够使他的脸得到均匀的照亮。他头部的位置同时也避免了对女士头部的遮挡。如果他的头部朝相机这边倾斜的话，他就会在女士的脸上造成阴影。这是一个展示拍摄造型与环境光需要策略性地协作的绝佳例子。他们脸上洋溢的情感、光效和造型互相结合，创造出了这张美丽而又自然的照片。如果这三个元素使用得当，拍得的照片一定会看上去很棒！

图6.24 相机参数：ISO 200，f/3.5，1/4000

“眼睛调整期”技巧

图6.25和**图6.26**：我用了一个快速的技巧使Sydney在直视太阳的时候保持眼睛睁开。人类的眼睛需要不到半秒的时间根据光做出调整。如果你让你的拍摄对象先闭眼再快速睁开，在他们感到不适前你就有了不到半秒的时间完成拍摄。为了做到这一点，摄影师必须提前完成对焦，一切准备妥当。拍摄对象应知道你所在的位置，这样当他们睁开眼睛时就能直接看着镜头。同时摄影师也应让他们注意完全放松前额的肌肉。这样一来放松的不仅是前额，也包括了其他大部分的面部肌肉，不然在强光下它们容易绷紧。注意：眼睛调整期仅在持续光源下有效，影室灯的持续时间太短，眼睛会来不及反应。此外，Sydney有着美丽的绿色双眼，我由此得到灵感去使用在幕后照片（**图6.25**）中地面上的光条以突出她的眼睛。

图6.25

图6.26 相机参数：ISO 100，f/6.3，1/500

图6.27和**图6.28**：在这个例子里，我在我的好友Joe Cogliandro位于德克萨斯州休斯顿市的摄影工作室里给Rachel拍摄一组私房照。当我们沿着扶梯往二楼走时，我注意到了类似**图6.18**里那种窗户被阳光直射的情形。窗光进入室内，在木地板（CLE-7）上留下了一块干净的强光。在看见这块光的那一刻，我就知道这是个绝好的拍摄机会，而大多数人可能毫无察觉。阴影清晰的边缘表明它们由一个较小的光源产生（CLE-6）。光区和暗处间的对比度很高。为了利用地面上的明暗区域，我让Rachel的眼睛和半边嘴唇处于强光的直接照射下，而使其余的面部陷入了完全的黑暗中。她一就位，我就提前对焦到她的眼睛上，让她放松前额，最后睁开眼睛。在她的眼睑完全张开之前我就完成了拍摄。阳光是如此强烈，以至于她的眼睛会立即做出调整因不适而闭上，而我会完全来不及拍摄。她的胳膊框住了她的脸庞，更加地让画面的关注点集中于我想要的地方。这类照片需要对CLE的熟练应用和跳脱常规的思维。CLE给了你在最不可能的地方发掘出光的潜力的机会，而最终的行动权在于你。

图6.27

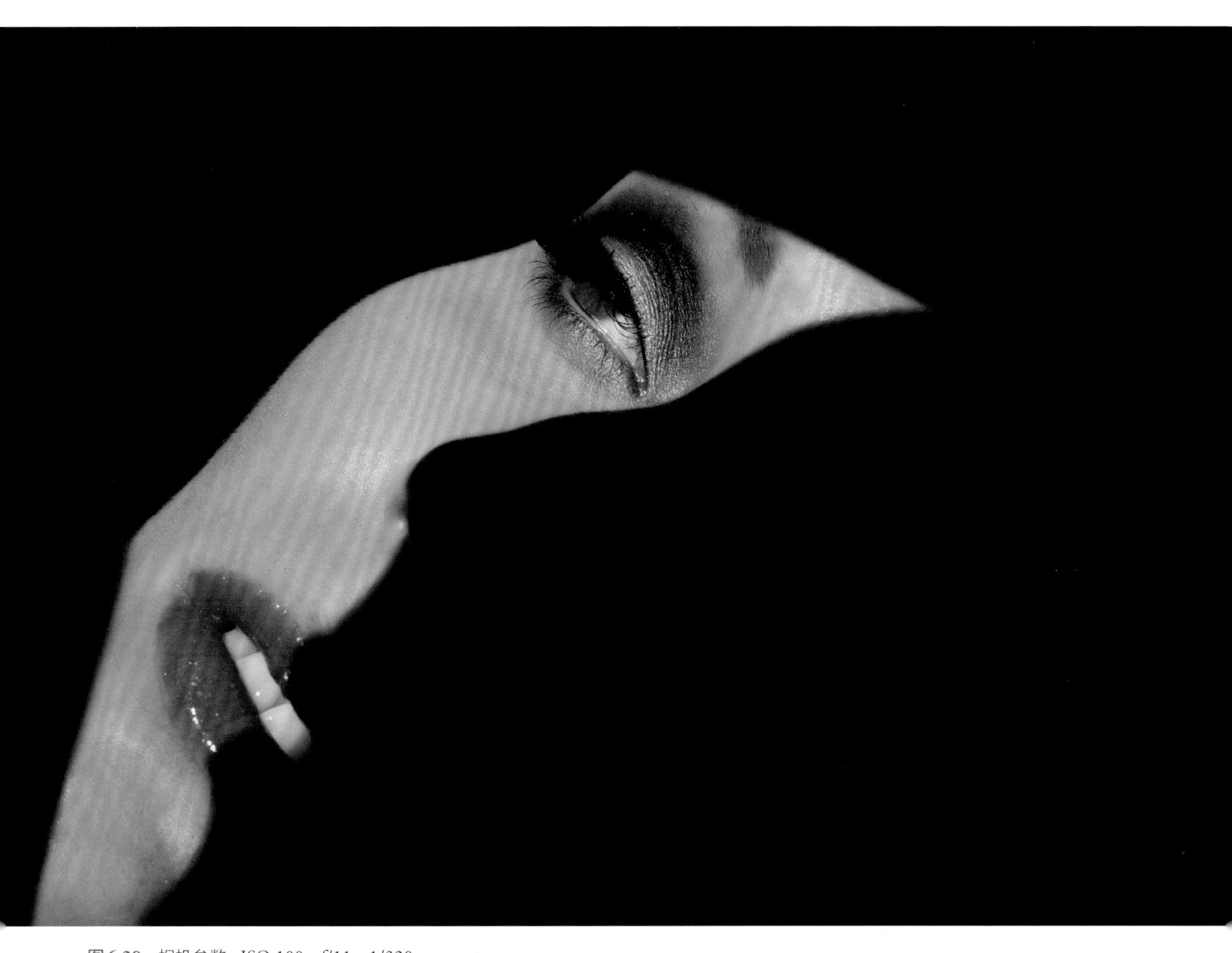

图6.28 相机参数：ISO 100，f/11，1/320

图6.29到**图6.31**：在洛杉矶拍摄Sydney期间，在我们目及的每个方向我都不断注意到很多CLE。在之前Rachel的照片里，小块干净光出现在地板上（CLE-7）。在本图这个情形里，小块干净光位于被树影环绕的建筑的一面墙上，形成了一个完美的构图。在一个不太可能的环境里不借助器材拍摄出好照片，这些就够了。让拍摄对象闭眼后快速睁开的技巧在这里也得到了使用，因为当时她正直视着阳光。注意她的下巴朝着太阳扬起是为了去除因为脸部曲线造成的干扰性阴影。

针对**图6.30**和**图6.31**的一个简短说明。这两张照片属于时尚摄影而并非人像摄影。在时尚摄影中，衣着最为重要，光照着重的是衣物而不是模特本身。正因为这样，在**图6.31**中她的脸稍暗而衣服很亮。此外，Sydney所在的地面是黑色的，吸收了大部分的光（CLE-5）。因此她的鞋也稍显暗。如果鞋子也是时尚摄影的关注点，那么我就要为鞋子增加照明。对于人像摄影而言，当然脸就需要完美的光照了，衣物则次之。

图6.29

图6.30　相机参数：ISO 200，f/10，1/1000

图6.31　相机参数：ISO 200，f/10，1/800

深入了解环境光的反射与吸收

在第3章中，我们探讨了拍摄主体周围物体的颜色是如何直接影响光的吸收和反射的（复习**图3.26**）。黑色吸收最多的光，而白光最有反射性。当不借助器材利用CLE系统进行拍摄时，你应该对拍摄对象周围物体的颜色更加敏感。为了展示物体颜色对我们的拍摄对象能产生多大的影响，请仔细注意以下几组图片。

图6.32和**图6.33**：我与Sydney走路的时候发现了这片黑色金属围墙。我询问她是否能在这拍一张不好看的照片来展示光的颜色特性。太阳照射着黑色的围墙，然而似乎并没有光反射到Sydney的右脸上。并不是围墙造成的光的吸收，而是由于黑色的缘故。围墙肯定烫到了极点，因为它吸收所有的光能（电磁辐射）并转换成了热能（热量）。

图6.32　相机参数：ISO 200，f/4.5，1/320

图6.33

围墙的颜色导致了光的分割现象：她的脸一半很亮，另一半则暗上了三到四倍。尽管光的分割对于美女来说不适合，但在男士身上可能很有效。它可以增加男士的神秘感，使照片在视觉上更有吸引力。需要记住的重点是，对于普通人来说这片黑色的围墙就是围墙而已，但对于你，一个训练有素的摄影师来说，这片黑色的围墙实际上就是一个免费的减少光亮的修饰物。这很酷对吧？

图6.34：离黑色金属墙仅隔数米远的地方，就有一片阳光直射下的光滑白墙。根据第3章（**图3.26**）中的信息，你应该知道这片白墙的利用价值。仔细注意Sydney的左脸。在如此多的反射光照射下的眼睛，看起来是多么美！把这张与**图6.32**对比一下；这里，离墙更近的眼睛实际上比另一只更亮。注意到并且理解这种美妙的光效很重要。你永远不想依赖运气来拍照。光之所以显得无比柔和而动人，是因为墙不仅白而且很大。还记得第3章中光的相对大小特性吗？光从所有可能的角度照射着Sydney并不是一个巧合。墙面是如此之大以至于将光反射到了各个角度，照亮了Sydney脸上的每寸肌肤，防止了难看的阴影的产生。

Sydney的胳膊和衣服有着均匀的柔和光照。回忆一下光的平方反比定律，我们可以知道她的脸因为离着白墙这个新的光源更近所以更亮。原始的光源是太阳，但因为照亮她的光来自墙面的反射，所以白墙成为了光源。所有的事情都存在着解释。如果你理解了光的特性，就可以在任何地点，不管有没有器材的辅助都能创造出美好的作品。

图6.34 相机参数：ISO 200，f/9，1/320

正确利用开放阴影

作为一名摄影教师，我必须承认，几乎没有比说服摄影师们“置拍摄对象于开放阴影中并不总是个好主意”更难的事了。开放阴影让光变得干净，避免了刺眼的阳光直射，但如果你的拍摄对象处于劣质的光照下，它也是有代价的。最显而易见的解决方式是调高相机的ISO来补偿光的质量和亮度的不足。我曾经也是开放阴影困扰的受害者之一。在我职业生涯的早年，我与客户碰面后的第一件事就是找到一片开放阴影，而不去考虑选定区域的光的质量。

我首先注意到的是拍摄对象眼窝缺乏光亮。它们总是显得很暗，眼睛里也没有反光。见**图6.35**。就像很多人一样，我试着通过在Photoshop里给眼睛增亮来补救，结果是照片看起来实在是糟糕极了，但是至少你可以看到眼睛。我甚至到了用Photoshop给眼睛加上假的反光的地步。现在，我仅需用相机正确地拍摄即可。在开放阴影中拍摄的秘方是找到一个能够反射光线回到开放阴影中的大型光源。很显然，它如果是白色或者浅色的，就能修正颜色的问题。这个光源可以是任意一种影室灯、一个反光板，或者这个例子里的一面白墙。

图6.35 相机参数：ISO 200，f/2.8，1/800

理想的开放阴影场景

图6.36：我们在之前的第4章中探讨过这个地点了，但它代表了一个理想的开放阴影场景，因为它包含了拍得绝佳照片的所有必要的CLE。那么，让我们从光的方向开始。太阳是光的来源，它位于左上方。左边的墙和太阳的位置使得地面上没有光线的照射。因此，地面是片开放阴影。右边的墙是白色的且非常光滑，因此它是个非常有效的反光板，同时光也不会有任何奇怪的光染。左墙带有灌木和绿色与棕色的纹理，吸收了大量的光。

这即是我们面对的景观。现在我们必须决定什么是拍摄对象和摄影师自己的最佳位置。光的平方反比定律告诉我们物体离光源越近，受到的光的光强就越大。它也告诉我们物体离光源越近，光的衰减就越明显。如果我的拍摄对象面对着右边的白墙，那么这面墙就成为了新的光源。

图6.36

图6.37和**图6.38**：出于示例的目的，我首先让Sydney站得离白墙尽量的远。正如你所见，右边墙的大小和颜色使得它是个非常有效的反光板，让Sydney受到了高强度的柔光照射。尽管我认为在这个例子里光照很惊艳，仍有两个地方困扰着我。因

图6.37

图6.38　相机参数：ISO 200，f/3.5，1/800

为她离墙太近，她和背景之间没有足够的光强和选择性对焦的分离度。光的平方反比定律表明物体离光源越近就会越亮，而光的衰减会使得布满树枝的墙面稍稍显暗。

图6.39和**图6.40**：接下来，我让Sydney移动到离白墙更近的位置。对比**图6.38**和**图6.40**中眼睛反光的区别。她焕发出了光芒！你可以看到白墙起到的效果，她的脸显得更亮了。在这个距离，通过把光圈设定为f/3.5，我们就可以把Sydney与背后的墙分离开来。对于大多数人，这样精美的光的质量需要大型的摄影工作室，但实际上，如果你依靠你的知识而不是运气，在任何有明媚阳光的地方你都可能达到这种效果。只需记住，你必须在拍摄每张照片时结合光的特性与环境光元素的知识，才能高效地利用环境光。

图6.39

图6.40　相机参数：ISO 200，f/3.5，1/800

第3部分

光的基准测试与辅助光

第7章

光的基准测试

首先我想表示我对本章的内容格外热衷。之所以有如此高昂的积极性，是因为“光的基准”对我的生涯产生了重大影响，把我对摄影的爱好转化为真正能够支持全家的可靠营生。光的基准会促使你利用环境光元素找到美妙的光，或者使用辅助光来自我创造，如反光板、柔光屏、闪光灯或影室灯。

不幸的是，很多人像摄影师仅是提高相机的ISO来应对不尽如人意的光照条件。但这根本不是问题的解决方式。如果光强很弱、不好看或者角度不对，提高ISO解决不了任何问题。我创造了“光的基准”这样一种测试来在任何指定地点拍摄时快速判断光的质量、多少和强度。这个测试的开发，建立在我多年的经验和实验的基础上。以下是它的工作原理。

拍摄过程中，比如在户外拍摄，通过应用环境光的知识，我会寻找环境中与光的基准相符或者接近的光。我利用环境光元素（CLE）来判断最优的地点和拍摄角度。基于环境光元素，有时候光的基准可以自然地达到，有时候则需要以某些方式通过摄影器材来提升、修改、增加或者减少光以通过光的基准测试。这些摄影器材包括反光板、柔光屏、闪光灯、影室灯和持续光源，比如LED灯或“辅助灯”。一旦达到了光的基准，我就可以在能够产生优良摄影成果的区域内找到一个光的数据的参考点。这个参考点同时也在光的基准之外提供了更多创造性用光选择的可能。

你应该已经熟练掌握相机曝光的原理、光圈值的含义，以及ISO、快门速度和光圈之间的基本关系。此外，不要把这个光的基准当成一种光的法则，因为它并不是个法则！摄影是一门艺术，而摄影师必须自己独立创作。如果你的光的视觉构思与这个基准相去甚远，一定要去试试！一直以来光的基准对我来说是个在指定地点测量光照质量的非常有效和实用的工具，它帮助我决定是否需要反光板、柔光屏或者闪光灯的辅助来补偿光照质量的不足。手头有个参考点非常方便，通过它可以判断指定地点的光照质量是良好还是需要人工加强。这即是光的基准的主要目的。

本书中很多照片与光的基准并不相符。然而，当我在拍摄时，我时刻把基准记在心上，帮助我尽量保持低ISO来尽可能获取最好的成像质量。ISO超过1000以后照片的画质就会下降，尤其对于后期处理来说。大多数情况下，我都会假设作为职业摄影师，你追求的是最好的画质。尽管某些时候高ISO可以带来一种特定的有吸引力的感觉，但99%的情况下都应该是画质优先。记住光的基准是测试摄影用光的一种方式。它帮助摄影师快速判断是否需要优化光照。把光的基准当作一种帮助，而不是一个把自己限定死的法则。因为最终你才是艺术家，你才是在任何时候决定对你和你的客户而言什么是最好的人。

调整光照来适应相机的设定，而不是调整相机的设定来适应光照

在如今的摄影圈子里，大多数摄影师都会炫耀他们相机的ISO性能。现在数码相机的ISO可以到远高于100000的程度。我觉得在低光环境下不得不拍摄时这还是挺有用的。高ISO性能与极快的镜头相结合，是在黑暗环境中拍摄的理想组合。如果你是一名战地记者，你就能通过提高ISO到所需的数值来获取足够高的快门速度去锁定战场上的一举一动。

然而，尽管我们手头拥有高ISO技术是个很方便的事，我并不认为ISO 25000对于时尚、人像或婚礼摄影有任何用处。大多数情况下，人们在人像中需要的是丰富、漂亮的光照，而不是低光环境下的高ISO和干扰性的噪点。我认为相机的高ISO技术是一把双刃剑。一方面，它使得我们在任何光照环境中拍摄都能得心应手，但另一方面，它无法激发我们去探索和利用高质量的光。这很奇怪，因为光才是摄影的核心，光才是你的首要目标。

光的基准测试：我职业生涯的转折点

在我职业生涯的早期，有几年的时间里，我的事业异常艰难。我的照片看起来没什么问题，我与我的客户谈笑风生，我拍摄非常守时，最终的成品也会提早送到客户的手中。但渐渐地，约我的电话不再响起。那段时间对我和我的家庭来说非常艰苦。我甚至考虑在美国业界找份工作。我觉得自己的运气糟透了，而最糟糕的是，我并不知道这是什么原因导致的。就像其他人一样，我怪经济不好，我怪所在的城市不行，人们不愿意在专业摄影上花钱，等等。借口无穷无尽。

让我瞠目结舌的，是一通和意向客户们的电话。初始的面谈进展很顺利，意向客户与我也显得非常合拍。但一周之后，我收到了一封邮件，告诉我他们与我面谈很愉快，但最后还是决定与另外一位摄影师合作。在收到几次这样的拒信后，我开始打电话询问他们选择与别人合作的缘由。我从不与他们争论或为自己辩护，我仅仅是倾听他们的回答，然后感谢他们回复。他们选择不与我合作的主要原因是他们发现另一位摄影师给的时间更宽裕，价格更便宜。

为了生存，我根据这个信息做出反应，降低了我的价格，增加了拍摄时间。这个策略是个恶性循环，让我干得无比辛苦，挣得还少得多！我的工作也没有得到尊重。对于我的客户来说，我仅仅是他们雇来拍照的而已。我因为得不到欣赏和回报甚微的艰苦工作而变得苦恼而烦闷。摄影不再是一种享受了。

后来我意识到了一点：摄影可以是种商品，也可以是客户基于艺术和风格的选择。当你的作品看起来没问题但与别人千篇一律，客户就会基于价格做出选择。但如果你的作品有着无可置疑的水准、艺术的表现和独特的风格，人们就会不计代价地想要雇佣你。在客户的眼中，你成为了一名受他们尊敬的艺术家而不是一个拍照片的家伙。于是我下定决心成为一名人们向往的艺术家而不是雇来帮忙拍照的人。

我首先的举措是回顾我之前两到三年间拍摄的人像和婚礼照片。我注意到我的拍摄地点都是我自认为“好看”的地方——好看的建筑、好看的公园、好看的喷泉、好看的海景，等等等等。我从没有刻意寻找过惊艳的光。为什么？因为我无论身在何处，一旦光的质量不行，我就调高相机的ISO。这种观点是我的症结所在。我总是被地点所吸引，而不是光。实际上，我根本就没有想过要去思考光的质量。

出于沮丧的原因，我变得痴迷于提高我摄影中的光的质量。我注意到在拥有高质量和强度的光的地方，如1600和3200这样的高ISO值不再用得上了。在ISO 100时我可以用足够快的快门速度捕捉到动作。我开始基于光的质量来寻找拍摄地点。这个决定让我得以保持低ISO拍摄。我不再需要高ISO的敏感度，因为我拍摄时有着美妙的光。从那时起，我开始锁定我的相机参数，寻找拥有适合我的设定的光的地点。

现在在我的客户脸上获得良好曝光的唯一方式就是找到一个拥有高质量光的地点。锁定相机参数而去寻找适合这种设定的光，看起来与直觉相左。通常的做法，都是在不同地点通过改变相机的参数去获得正确的曝光，而不管光的质量如何。但是，走这条路让我变得懒于寻找高质量的光，更可怕的是，我的作品看起来和别人的没什么区别。从那以后，我开始测试能产生最好的结果和人像摄影中最动人的光的不同的设定。若干年之后，我开发出了光的基准参数。

光的基准参数表

室外强日照条件下的基准参数					
感光度 ISO	100	100	100	100	100
光圈	f/2	f/2.8	f/4	f/5.6	f/8
理想快门速度	1/2000	1/1000	1/500	1/250	1/125
可接受的快门速度（加/减一挡）	1/1000 或 1/4000	1/500 或 1/2000	1/250 或 1/1000	1/125 或 1/500	1/60 或 1/250

室外明亮的阴天或开放阴影下的基准参数					
感光度 ISO	400	400	400	400	400
光圈	f/2	f/2.8	f/4	f/5.6	f/8
理想快门速度	1/2000	1/1000	1/500	1/250	1/125
可接受的快门速度（加/减一挡）	1/1000 或 1/4000	1/500 或 1/2000	1/250 或 1/1000	1/125 或 1/500	1/60 或 1/250

室内强日照条件下的基准参数					
感光度 ISO	800	800	800	800	800
光圈	f/2	f/2.8	f/4	f/5.6	f/8
理想快门速度	1/2000	1/1000	1/500	1/250	1/125
可接受的快门速度（加/减一挡）	1/1000 或 1/4000	1/500 或 1/2000	1/250 或 1/1000	1/125 或 1/500	1/60 或 1/250

解读光的基准参数表

一开始，光的基准参数表可能看起来令人生畏，但实际上它很简单且便于记忆。请注意这三个表基于人像摄影，而不是新闻摄影。这些表分解为三个不同的部分，每部分代表了一种常见的拍摄光照环境。这些表旨在明亮环境下使用，通常指从日出两小时后到日落前两小时这段时间。在其余的时间里，氛围光变得过弱。各个数字代表了每个光照条件下的理想相机参数。这三部分是：

室外强日照条件下的基准参数：这个基准参数用于在强日照条件下拍摄、你的拍摄对象站在太阳直射的地方的情况。清晨或黄昏时分的阳光构不成强光条件。注意在直射光下拍摄你的拍摄对象的脸时，为了获得正确曝光，你的快门速度很有可能会比1/500快得多。然而，如此做会限制你在拍摄造型或角度上的选择。举个例子，当拍摄直射光下的一位女士时，让她抬头朝向太阳是为了避免在她脸上产生难看的阴影的唯一选择。此外，没人可以直视太阳，所以闭眼或眯眼是你仅有的选项。但是，通过某种手段来柔化强光——比如说柔光屏——或者让拍摄对象转身让阳光从身后过来，你就能有更多造型的选择了。

室外明亮的阴天或开放阴影下的基准参数：这个基准参数用于阴天或你的拍摄对象处于开放阴影内的情况。当在室外拍摄时，这是最有用的基准参数了。举个例子，如果你在城市的街道上进行室外拍摄，而拍摄对象站在一栋建筑投下的阴影之中，你就会用到这个基准参数。只要你的拍摄对象处于环境中的物体投下的阴影之中，你就会用到这个基准参数。注意这个基准参数和第一个的唯一区别是ISO变成了400，而暴露在太阳的强光条件下时ISO为100。

室内强日照条件下的基准参数：这个基准参数用于利用窗光或在室内进行拍摄的情况。同样，这个基准参数和上一个的唯一区别就是ISO从400提高到了800。其他所有均保持不变。

每个基准参数表中的蓝色数字代表的是便于记忆的基础设定。举个例子，在室外强日照条件下的基准参数表中，基础设定是ISO 100，f/4，1/500。光圈值之所以选择了f/4是因为大多数商业摄影师都拥有光圈最大值为f/4的镜头，但并不是所有人都有f/2.8或更大的镜头。蓝色数字左右两边的其他参数是同等曝光下，人像摄影中常见的不同光圈值的选择。举个例子，如果你拍摄的是一名高中生，你可能会选择f/2.8来虚化背景。如果用的是第一张表（强日照条件），你的参数就是ISO 100，

F/2.8，1/1000。把蓝色数字当作起点，你把光圈从f/4变为f/2.8。进光量提高了一挡。因此，为了补偿光圈的增大，我们必须把快门速度从1/500加快到1/1000。这就可以了！如果光圈变为f/2，那么这和蓝色数字就是两挡的差距。这意味着你的快门速度需要补偿两挡的光，变为1/2000。

为了便于记忆，所有三张表都基于完整的挡数变化。我推荐你背下其中一张表即可全部掌握。比如，对于强光照条件下的参数表我只需清晰记忆蓝色的一列。蓝色列非常简单：ISO 100，f/4，1/500。从这开始，我知道如果拍摄对象站在了阴影里，我仅需把ISO改成400而其余皆不变。类似地，如果我的拍摄对象位于室内——比如，在酒店客房里——我就会把ISO调整为800而其余皆不变。三张表的唯一变化就是ISO从100变到400再变到800。剩下的部分仅仅是完全一样的曝光值，在蓝色列的基础上有着不同的光圈和快门速度。

可接受的快门速度

每个参数表的第四行是“可接受的快门速度”，标为红色。为了达到理想的基准参数，大量的柔光是必需的。我会尽力为客户寻找能够达到理想参数的拍摄地点。然而，有时你不得不做出点妥协。我认为比理想快门速度高或低一挡是可以接受的。

如果理想的基准参数是ISO 100，f/4，1/500，那么当然这样的光照就通过了测试。如果快门速度慢了一挡（1/250）或快了一挡（1/1000），我仍然可以在我的客户面部获得适当的曝光。在拍摄现场，相比于理想的参数，你更容易找到处于可接受的快门速度范围的光。然而，如果我选择的拍摄地点的光非常弱，以至于为了在客户面部获得适当曝光，我不得不把参数设定为ISO 100，f/4，1/125（比理想参数低了两挡），或者甚至更糟，1/60（比理想参数低了三挡），那么我就会放弃拍摄并建议客户换个地方。如果我的客户执意要在这里拍摄，因为这对他们来说是个很重要的地点，那么我就会使用辅助光（闪光灯、反光板、柔光屏）来使光照达到理想值。当然，你要尽量用较大型的闪光灯来为你的拍摄对象创造出柔和的光照。

但是如果光太强了怎么办？让我们探讨这样一个相反的情形。在一个光照比可接受的基准参数要多的地点，你很有可能处于没有漫射的、阳光直射的环境下拍摄。如果拍摄对象的面部被强烈的阳光直射就会形成刺眼的阴影，那是因为在没有漫射时，太阳就是个很小的光源。控制这种难看阴影的产生的唯一办法就是根据光照调整造型并根据画面中的最亮点曝光。参考前一章中的**图6.23**和**图6.24**。通过让拍摄对象扬起下巴面朝太阳，或者仅拍摄半边的脸并不断微调造型，我们可以做到让阴影消失、最小化或者不再具有干扰性。但是你要知道当阳光发生漫射后，产生的光就会在基准参数的范围内了。

另外一种使用可接受的快门速度（比理想参数快或者慢一挡）进行拍摄的情形就是当我的客户对阳光过于敏感时。举个例子，在拍摄头像时，也许我用可接受的设定比如ISO 100，f/4，1/250来得更好些，这样拍摄对象的眼睛就会睁得大些。这对头像拍摄非常重要，因为没人想要自己的头像眯着眼或者看起来跟生病了似的。

光的基准参数场景

记住，光的基准参数更像一个光的测试。我用它来判断阳光在建筑、地面或场景中的其他物体上反射时是否存在理想的基准参数。我一出门在户外拍摄，我就会使用之前讨论过的环境光元素来寻找身边最好的光照。如果一个地点看起来不错，我就会拍一个样张来判断这里的光是否通过了基准测试。举个例子，如果我看见了一片开放阴影，有着很多从其他光源反射到开放阴影里的光，我就会让我的助手或者拍摄对象在ISO 100，f/4，1/500设定下拍个快速样张。我采用ISO 400是因为我的拍摄对象位于开放阴影中。如果在这个设定下面部曝光看起来没问题，那么光照就通过了测试。但是如果在这个设定下欠曝了，我就必须采取以下措施之一：

换个采光更好的地点

调整造型以使面部有更多的环境中的填充光

让拍摄对象转向面前最亮的区域来使面部获得尽可能多的光照

如果上述措施都无效，或者我的客户因为某个特定地点的特殊性或客户的偏好而执意要在这个地点拍摄，那么我就需要辅助光来加强这个区域偏弱的光照。只要有经验，通过辅助光来补光不到一分钟就能搞定。相信我，这么做是值得的。提示一下，辅助光来自闪光灯、反光板、柔光屏、视频灯或者是便携影室灯，如果你有的话。当然，辅助光必须经过修饰才能产生动人的效果。举个例子，闪光灯经过修饰增大其相对大小后才能产生更柔和的光。

注意我在使用辅助光时没有改变相机的参数设定；我加强光照来适应我相机锁定的参数。我知道这对大多数人来说是与直觉相左的，但是试一下你就明白了。这会完全改变你对光的看法。有条件的话可以在你的朋友身上练习。让我用我的老朋友，假人模特Paco，来展示一些如何练习使用光的基准参数的例子。

光的基准测试失败的例子

图7.1：在你选择一个拍摄地点的时候，首先应该考虑的就是环境光元素（CLE）的列表。举例来说，CLE-3提及，“你所见的背景是否是干净且没有干扰的物体，拥有相近的颜色元素（比如棕色或绿色），还是包含了某种图案？”在这个例子里，答案是“是”。奶白色的车库门有着统一的颜色，这样它就是个干净且不具干扰性的背景了。

图7.2：接下来，我们把相机设定为理想的基准参数。这个区域处于开放阴影内，这意味着我们要用开放阴影或阴天条件下的参数表来对这个地点的光进行测试。相

图7.1 相机参数：ISO 400，f/4，1/250

机保持设定为我们的起始值（表中的蓝色列），即ISO 400，f/4，1/500。拍一张样张。曝光看起来如何？拍摄对象面部的曝光是否合适？在这个例子里，很明显不合适，在此设定下欠曝严重。这告诉了你这里的环境光元素不适合拍摄，这个区域内的物体和阳光并不能创造出优良的反射光。

图7.3：接下来，我们用“可接受的快门速度1/250”拍一张样张。你能看到，即使在1/250的情况下照片依然看起来很暗。请特别地留意模特的眼睛，你能看到Paco的眼窝比他的前额暗了许多。作为人像摄影师，我们的重点是眼睛而不是额头。而应该关注眼窝的曝光。所以，这个区域的光的基准测试失败了。

图7.4：你要问自己，“为什么这个地点测试失败了？”你必须经历这样的思考练习来诊断一个地点。领悟失败的确切原因比知道为何成功对你的成长更为重要。**图**

图7.2　相机参数：ISO 400，f/4，1/500

图7.3　相机参数：ISO 400，f/4，1/250

7.4包含了你判断这个地点为何失败而需要的所有信息。使用第4章中介绍的环境光元素来研究此图。

这个地点失败的主要原因是Paco处于一个周围没有任何物体、墙体等受到阳光直接照射的位置。因此，反射光没有可能存在。他的周围全都是开放阴影，甚至连他面前的楼房都处于开放阴影中。之所以Paco的前额比他的眼睛更亮，是因为在这个情形下，大多数的光从天空竖直向地面传播。没有足够的水平方向的光或者从周围的建筑上反射到眼睛里的光。此外，CLE-5提及，“你的拍摄主体所处的地面有着怎样的颜色、材质和纹理特征？”这里的答案是黑色柏油路面，并不是个好反光板。开放阴影中的光本就很弱了，现在光因为暗色的地面吸收了大量的光而没有反射光，从而变得更弱了。

图7.4

图7.5

光的基准测试成功的例子

图7.5：这是另一个看起来不错的地点。Paco身后的墙面光滑、干净、有着单一的颜色。根据CLE-3，这是个完美的人像拍摄背景。我们把Paco摆在这里来看这个地点能否通过光的基准测试。

图7.6：我们还是处于开放阴影中，所以必须用开放阴影参数表的ISO 400进行测试。相机的参数设定为ISO 400，f/4，1/500。样张显示测试条件都达到了。首先，曝光恰到好处，其次，Paco的前额和眼窝相对平均地得到了曝光。这告诉了你Paco的眼睛受到了大量的水平方向的光照。

图7.6 相机参数：ISO 400，f/4，1/500

图7.7：为什么这个地点通过了光的基准测试？如果我们仔细观察这个场景里的环境光元素，就可以很容易地判断它之所以成功的原因。这里最有影响力的CLE是CLE-2，它提及的是，“在拍摄主体附近，是否有一个相对平整的物体被主要光源直接照亮？”这里的答案是“有”！接下来，CLE-4关注的是拍摄主体周围的物体的属性。Paco面前有一面巨大的墙。墙的面积增大了原始光源的相对大小，即太阳。现在我们知道这面墙能产生柔和的光。墙既白又平，所以它是个非常有效的反光板。CLE-5关注的是地面的特征。私人车道比几乎全黑的路面要浅一些，也很平滑。这意味着它能向上反射不少的光，进一步改善了拍摄对象的光照。

所以我们从中能学到什么？这个地点和**图7.2**中的地点的主要区别就是在这个地点，我们更有效地利用CLE，通过把相机的设定锁定在ISO 400，f/4，1/500获得了漂亮的曝光。受到阳光直射的大型白墙产生的足够的反射光起到了关键作用。因此，这个地点通过了光的基准测试，取得了巨大的成功。对我来说，真正难以置信的是这两个地点相隔仅数十米远——走路用不了20秒。谁不愿意花上一点额外的精力在附近找个有着好得多的光照的地点呢？

图7.7

转动拍摄主体的头部朝向场景中最亮的环境光元素

图7.8：观察一小会儿这个场景并注意各个标注。Paco被摆在了画面左侧的开放阴影之中。在他面前，左侧的建筑被太阳照亮，而右侧的建筑被阴影覆盖。同样，我把Paco放在这里的原因是他的后方有面干净且不具干扰性的墙是个不错的背景（CLE-3）。那么问题来了，“如果Paco离阴影线的那片区域（CLE-6）太远，上哪去找个在他面前能够带来合适的面部曝光的最亮点呢？”

图7.8

图7.9

图7.9：首先，我把Paco放在面对马路对面阴影中的车库门的位置。这起码会带来反射光的微小提升，因为如果把Paco放在面对黄色吉普车的位置，那么一点反射光都没有。尽管处于阴影之中，车库门很大、很平，且是白色的（CLE-4）。这些特征使得这些门能够很有效地向他的脸上反射光线。

图7.10：因为处于开放阴影中，我把曝光设定为ISO 400，f/4，1/500。样张看起来还可以，但不够好。在大多数情况里，这就可以了。但在这个例子里，显著改善曝光完全不费力气，正如接下来的例子。

图7.10 相机参数：ISO 400，f/4，1/500

图7.11：为了改善在ISO 400，f/4，1/500的基准参数下的曝光，我们仅需要在匆匆按下快门键之前注意一下拍摄对象四周的环境光元素。CLE-2关注的是，“在拍摄主体附近，是否有一个相对平整的物体被通过CLE-1判断出的主要光源直接照亮？”很明显这里的答案是“有”。在Paco的左边，有一栋大型建筑的白色平整墙面受到阳光的直射。这面连续的很亮的墙，只需与造型的微调相结合，就会成为你在保持相机设定的同时快速改善曝光所需的全部。通过转动Paco朝向被照亮的建筑，他的面部就受到了多得多的从建筑反射而来的填充光。

图7.11

图7.12：与**图7.10**的参数完全相同，Paco的曝光通过两个小的调整就得到了很大的改善——他面对的方向和我的拍摄位置。这些调整利用上了环境中填充光提供的机会。关注小的细节也能带来大的改变。注意在这个例子里，无需辅助光就能改善曝光，起作用的是场景中的环境光元素。尽管Paco离被照亮的建筑起码有6米远，墙面的光强也足够使反射光全部照到Paco身上。记住如果无法移动你的拍摄对象，那么，你可以转动他们朝向场景中最亮的方向。

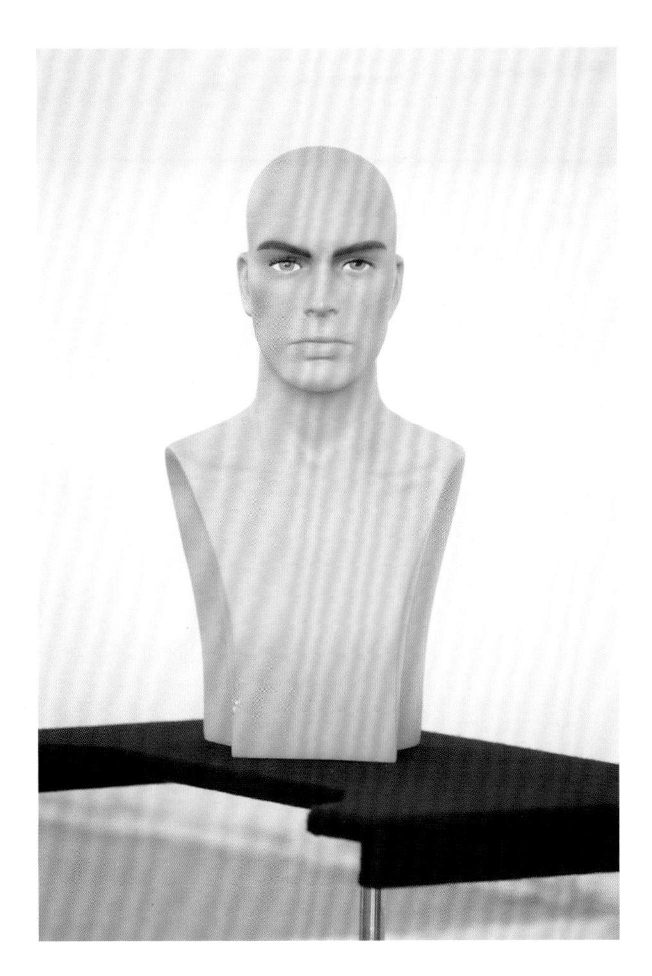

图7.12 相机参数：ISO 400，f/4，1/500

向更高的光强处移动拍摄对象以达到光的基准

图7.13：在大多数情况下，户外的地点有着不同质量的光块。作为人像摄影师，我们的目标是快速找到最佳的光照，利用质量最高的光照增进照片文件的饱和感，同时给予你的拍摄对象最出色的光照效果。在这个例子里，我找到了一个一面联通室外的房间。CLE-8关注的是，“拍摄的地点是否有能产生开放阴影的顶棚，或者是三面有墙而一面对外开放的空间，比如一个联通室外的车库？”这个地点就是个如此的车库，很完美。像这样的情形，大多数的光从室外向车库内水平传播。房间的天花板挡住了太阳。用这样的强烈水平光去照亮拍摄对象，拍得的人像就会有着特别出色的光照。一开始，我把Paco摆在了靠近内墙的位置。为了测试这个地点的光照，我把相机参数设定为了ISO 400，f/4，1/500，因为Paco处于开放阴影之中。

图7.13

图7.14：拍摄的样张失败了。尽管这样的设置看起来没问题，但光从车库门入口处到内墙的传播距离太远了，所以，在锁定的参数下得到的曝光显得非常暗。自然你可能会问，“为什么不提高ISO来改善曝光呢？”这么做的话就违背本章的初衷了。光的基准参数的意义是训练自己努力寻找最佳的光照。

图7.15：我们测试的下一个地点是车库的中央。通过光的平方反比定律，我们知道物体离光源越近，得到的光强就越大，这意味着把Paco放在车库中央就会使他离光源更近，但是只有站在离光源最近的位置才会有最大的光强。车库的中央显然不是最近的位置，所以我们先拍一张样张来看曝光会有怎样的改善。

图7.14 相机参数：ISO 400，f/4，1/500

图7.15

图7.16：不改变开放阴影条件下的基准参数设定的话，可以看到相比较而言，曝光有所改善，但并不明显。这是在预料之中的，因为光的平方反比定律告诉我们光强的衰减在离光源非常远的地方不再显著。回顾第3章中的光的平方反比定律的表格，你会看到在这个距离下，光强相比之前的位置仅有很小比例的变化，不够产生真正的差异。结论：在这个位置，样张的曝光还是失败了。

图7.16　相机参数：ISO 400，f/4，1/500

图7.17：最后，我们把Paco移到了离光源更近的位置。在这个距离下，光的平方反比定律告诉我们相比于车库的中央，Paco将会得到大得多的光强。再一次，我们把开放阴影中的样张拍摄的参数设定为ISO 400，f/4，1/500。

图7.18：成功！通过花上额外的5秒钟把拍摄对象移到了光照更佳的位置，我们达到了开放阴影的基准。这是个拍摄真人的理想的位置，有着动人的光照。在这个位置，你可以改变你的拍摄角度来创造短光、宽光、平光、分光或任意一种你能想到的创意光效。

注意我们是如何通过掌握光的特性（见第3章），快速地找到环境中最佳的光块的。更妙的是，我们并没有使用任何辅助光来达到光的基准。如果你是一个人拍摄，只用CLE达到光的基准是很理想的。在下一章里，我们会探讨如何用辅助光加强弱光来达到光的基准。

图7.17

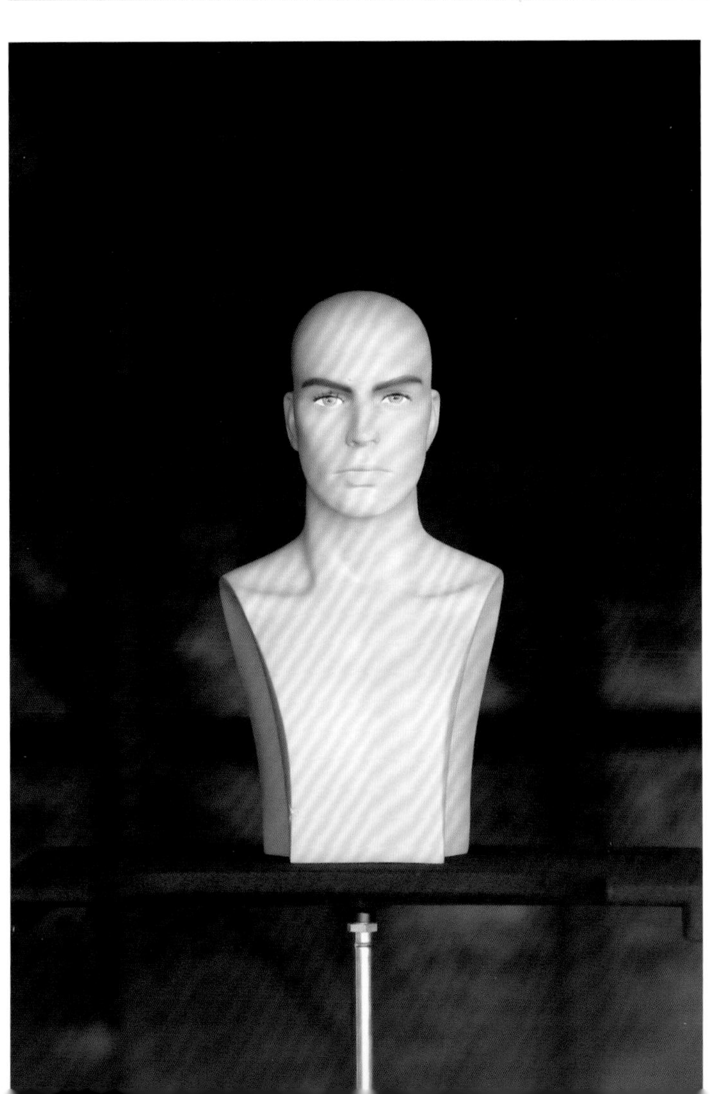

图7.18　相机参数：ISO 400，f/4，1/500

第8章

辅助光：反光板的使用技巧

就像任何一种看似简单的工具，反光板第一眼看上去一目了然。它让摄影师可以反射光线到想要的地方。反光板最常用于根据需要在拍摄对象的位置增加光照。然而通过多年的实践，我学到了许多能够最大化利用反光板的有效手段。

光从天空竖直向下传播到地面，而反光板可以把光的轨迹变为自左向右的水平路线，这样，你的拍摄对象就会被水平光照亮，让光填满那些竖向光无法触及的黑暗区域，比如面部的骨骼结构。可能使用竖向光线最大的挑战就是如何才能照亮一个人的眼窝。当光从上方投来，从眼睛上方到眉毛下面的骨骼能够产生很暗的阴影，这片区域叫额骨眶上弓。为了照亮眼睛，光必须从水平方向直接射入眼窝。鼻子是另一个问题多多的区域，能造成干扰性的阴影。

反光板能把光打到你希望阴影减轻的位置。尽管反光板仅是由反光材料制成，使用时仍需谨慎。把使用它的过程想象成给食物加盐。一点恰到好处的盐能唤醒你的味蕾让食物更加美味，但如果盐加得太多，一盘本来完美的佳肴就会变得难以下咽了。

不是所有的反光板都是一样的

如果去一趟摄影器材店，你可能会被琳琅满目的反光板选择搞得无所适从。每个厂家都想分一杯羹——因为每个摄影师都会用到反光板——所以制造商们会开发出我们可能用到的所有的种类。在我看来，拥有一个高质量的反光板非常重要，我曾经买过不少便宜的，它们实在是糟糕极了。

反光板的特点实在是太多了，所以我只挑选购时最重要的几点谈一谈。大多数反光板不是圆形的就是方形圆角的，颜色有银色、金色、白色、黑色、条纹型（金银相间）、条纹型（白银相间）以及许多其他的颜色组合。对于高级的反光板，展开时它的反光材料必须没有褶皱和折痕，也不能松松垮垮的。如果存在上述缺陷，反射光的方向就会无法预测。在我看来，在执笔本书时最好的反光板是California Sunbounce牌的。它们很贵，但物有所值。除此之外Westcott和Profoto也是不错的品牌。Profoto的反光板可压缩还带拉手，所以非常实用。Westcott制造的Omega反光板是十合一的。Omega反光板也带有很方便的吸盘，在对穿过窗户而来的直射阳光施加漫射时能派上用场。我拥有许多不同大小的反光板和柔光屏，但是如果只能选一个大小的话，我会买直径在40到52英寸之间的。这个大小范围在人像摄影里是最实用的。它有足够柔化光线的大小也足够便携。

直接反射与漫反射

反光板很可能是摄影师职业生涯起始时购买的第一件控光工具。我们都知道它能反射光线，但是如何控制反光板让作为强反射光的接受者的拍摄对象感到舒适，可能就不那么显而易见了。使用反光板的两大技巧是：直接反射和漫反射。

直接反射

直接反射发生于使用如银色、金色或条纹（金银相间）这样的反光板的亮面照亮拍摄对象时。这些材料旨在向你的拍摄对象反射所有打在反光板上的光，其特性和强度与镜子这种终极的反射工具相比基本一样。这种材料反射性非常强，当它直接朝向拍摄对象时，几乎就像是把阳光的全部能量投向了他们的眼睛里。这对我们的拍摄对象来说既不舒服又危险，因为人类的眼睛是无法承受这种强度的光的。

漫反射

漫反射发生于打在反光板上的光线被不那么闪亮的白色面料部分吸收时。产生的结果即是更柔和的、漫射的光线。

如摄影的其他方面一样，你可以自由地选择自认为适合的方式进行拍摄，但我认为使用反光板的最佳方式是遵循下列几点之一：

- 加大光的强度，通常在一挡之内
- 加强你的拍摄对象眼睛的光照，给予它们反光
- 把多余的光打到特定的位置

我总是推荐把你的拍摄对象置于良好的光照下，然后使用反光板来为光照增加一些魅力。虽然在摄影里万事皆有可能，但我个人不推荐把反光板当作恶劣光照的替代。

直接反射的实用技巧

有时候我们需要反光板发挥全力。它可以用来从背景里突出拍摄主体（**图8.1**）。如果后面没有墙，它可以用来让背景显得更暗（**图8.2**）。然而，把大量的持续光照反射到拍摄对象的眼睛里一定是有代价的。

图8.1

图8.2

抓拍眼睛的技巧

我发现当人们把反光板作为直接反射工具来用时，极大的反射光强意味着它很有可能成为主要光源，它产生的光可能会刺激拍摄对象的眼睛。自然地，如果你让拍摄对象闭上他/她的眼睛，或者你选择远离眼睛从侧面打光，这种直接反射的技巧可以奏效。但是我有一个一旦操作顺利就能成功的方法。

正如第7章中探讨的，当闭眼后再睁眼，普通人需要平均不到半秒的时间去适应新的亮度。让一个人直视如强烈的阳光一般亮的反光板时，眼睛就会立即产生视觉疲劳，使你的拍摄对象非常不适地转身。当客户直视那么亮的反光板时，他们就会迅速失去耐心，不愿意再配合你了。这个问题的解决方式是利用视网膜对于亮光的半秒调整期。让我们看一个例子。

图8.3：这里首先要注意的是模特Jacquelyn处于良好的光照下。但光是平的；她身后的墙面和她身上的光强是一样的。为了让光立体起来，我们必须让拍摄对象身上的光强起码比背景的光强大一些。我发现大多数摄影师忽略了拍摄主体和背景间光强差的问题。而有些人即使注意到了也不愿意下功夫去处理，因为他们觉得这个问题可以通过Photoshop调整即可。让我们看看使用反光板的亮面创造直接反射的话，会发生什么。

图8.3

图8.4：通过反光板的亮面把阳光反射到我们的拍摄对象身上的行为显然属于直接反射。这意味着拍摄对象应闭眼以保持舒适。这时把反光板暂时拿开，让你的拍摄对象盯着一个特定的点。之后，再让她闭上眼睛。使用反光板尽可能地把反射光打到她身上。数到3然后让她迅速睁开眼睛保持半秒，接着立即闭上。你要做的就是在她睁眼的那一瞬间按下快门。

图8.4

图8.5：结果不言而喻。这个直接反射技巧的使用给本来很单调的光照增添了味道，让画面上了一个台阶。这张照片看起来充满了活力，而如果没有直接反射的话就会显得平淡无奇。使用这个技巧时，应时刻注意指向性的强光造成的面部阴影，相应地调整姿势让面部避免产生不想要的阴影。

图8.5

Photoshop也许可以提高曝光，但用它在拍摄对象的眼睛里增添自然的反光，就像此例这样，就要难得多了。花上一分钟来调整拍摄的光照和相机的成像，能为你省下无数小时的后期编辑时间。

增加拍摄距离以柔化直接反射的效果

我们已经知道使用反光板的银色、金色或条纹这一面的话，产生的效果可能会很晃眼。但是，我们也知道光强随着距离增加而变小，所以我们在拍摄时可以利用上这个特性。

图8.6：如此强烈的反射光应谨慎利用。你可以用前文提到的抓拍眼睛的技巧，但是即便如此你也只能拍到几张而已。如果仔细观察Paco，你能看到光的平方反比定律的实际体现。注意Paco的脸有多亮，但稍往后就立即陷入了黑暗。记住离光源最近的物体，所得的光强最大，光的衰减也最快。如果你不想要如此快的衰减，那么必须把拍摄对象移动到离光源更远的地方。如果你不太理解最后这一句，请去复习第3章的光的平方反比定律。尽管太阳是原始光源，但反光板成为了实际的光源，因为照亮拍摄对象的是反光板反射出的光。

图8.6

图8.7：在这个例子里，相机的参数设定与**图8.6**保持不变，这样你就能比较不同距离下明亮度的不同。在离拍摄对象6～9米的位置，由银色反光板反射的强烈阳光需要传播很长一段距离才能到达Paco的位置。光到的时候已经柔和多了，但仍比原本的光照要亮得多，从而使拍摄对象在背景中突显出来。当然你在实际拍摄时会根据情况相应地调整曝光。这里的经验在于，如果你必须使用银色、金色或条纹的反光板，你可以利用距离来让光照不但突出而且在你的拍摄对象承受范围内。如果你需要增加或者减少一挡的曝光，这是个很好用的技巧。

图8.7

凹面弯折与凸面弯折的技巧

图8.8：当使用反光板生成反射光时，你可以把它掰成外凸或者内凹的形状。这会使光线向各个方向散布，创造出一种柔化的效果，即使用的是银色或者条纹的这一面。保持反光板平整有时会造成过量的光照。弯折反光板是个保持它与拍摄对象的近距离又能降低光强的有效方法。**图8.8**中，外凸的形状会把来自地面的光线反射回天空，很多光线就不会打到拍摄对象身上。这种方法能创造出一种柔化的效果。亦或者为了额外的效果，你也可以使用内凹的方法。相比于外凸，内凹的形状会导致更多的光线打到你的拍摄对象身上。尽管如此，它的效果仍要比保持反光板平整要柔和得多。

图8.8

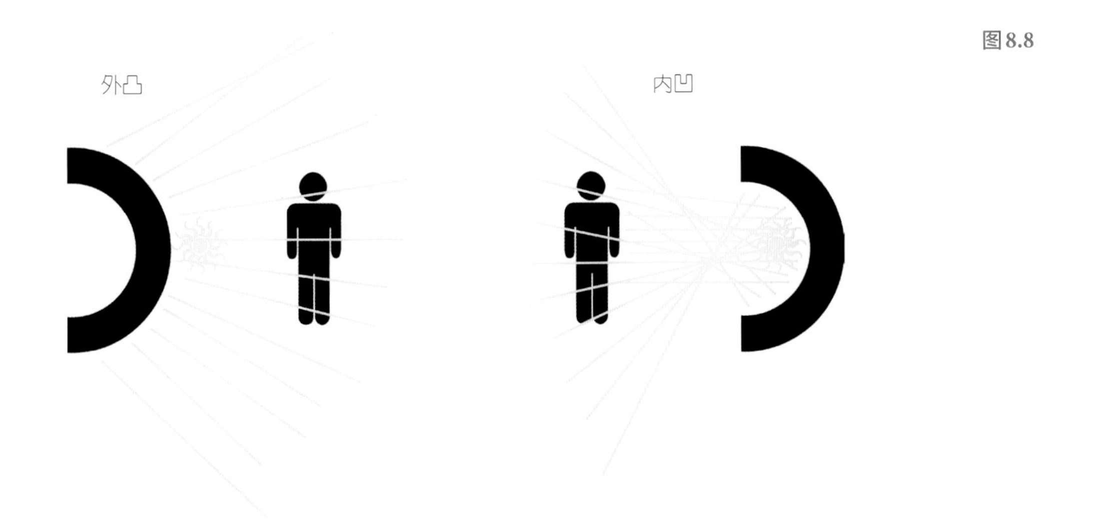

图8.9：这个例子展示的是反光板凹面弯折的技巧。把注意力集中到Paco上，他比背景要亮，但显然不过量。把这个例子与**图8.6**的反光板保持平整的情形作比较。

图8.10：这个例子展示的是反光板凸面弯折的技巧。相机的参数设定与**图8.9**保持不变，这样你就能比较不同形状下光强的不同。如你所见，与凹面的方法相比，Paco几乎失去了一半的光强。

图8.11：这个例子展示的是水平方向凸面弯折的技巧。通过把方向从竖直改为水平，更多的反光板面积可以反射光线到你的拍摄对象上。如你所见，与**图8.10**竖直方向的凹面弯折相比Paco几乎要亮上两倍。**图8.9～8.11**相机的参数设定一直保持不变，这使得我们可以更容易地专注于不同反光板技巧带来的效果上。

图8.9

图8.10

图8.11

漫反射的使用技巧

现在让我们转向一个更实用的方法。一般来说，如果你选择放置你的拍摄对象于一个光照条件相对不错的位置，那么你应该很接近前一章里讨论的光的基准了。大多数情况下，你与基准参数相差不会超过一挡。漫反射不像直接反射那样强大，但它仍可以提供充足的“调剂”让拍摄对象从环境中脱颖而出。给予拍摄对象比他们身后的背景更多的光照会显著地提升你的人像拍摄的质感。

近距离使用反光板的白面

购买反光板时，确保你买的有一面是白的。反光板的白面可以提供漫射的反光，因为其材料不如银色或金色材料那么反光和光滑。我们来看一下。

图8.12：如果你必须站在离拍摄对象很近的位置才能获取阳光，就要用到反光板的白面。即使在很近的位置，它也能带来一种柔和的、优雅的感觉。同时白面对于你的拍摄对象来说也更能接受；他们可以睁着眼保持比直接反射时的半秒钟更长

图8.12

的时间。当你需要拍摄对象睁大眼睛时，反光板的白面会非常管用。

大多数的时间里我用的都是反光板的白面。在这个例子里，用到的反光板一面是白色的另一面是金色的。注意她的脸庞从亮面到暗面的变化是多么的平缓。这是一种非常平顺自然的过渡。

调整你的反光板使其产生漫反射

可能有些时候你在拍摄期间需要一个白色的反光板，但发现忘带了；你手边仅有普通的银色、金色或条纹的反光板。在这种情况下，有一个快速的解决办法。你只需调整反光材料使其能吸收部分的光。这可以通过在反光板上罩上白色的枕套、毯子，甚至是纸巾并固定来做到。这会看起来很简陋，但在紧急情况下会起到作用。

图8.13：把没有任何改动的反光板用于拍摄。

图8.14：结果刺眼而又不好看。

图8.13

图8.14

图8.15

图8.16

图8.15：我在反光板上罩了一个白床单并用小夹子固定。床单会吸收大量的光但仍能给予拍摄对象足够的光照使其既突出又不显得过度。

图8.16：这就是用白布料调整反光板带来的结果。Margot的人像看上去悦目得多。她更舒服自然，光也更为动人。

人像摄影的高级反光板使用技巧

反光板的高级使用技巧需要做到非常柔和而高效。举个例子，当拍摄头像或干净的人像照时，比如高中生毕业照，我希望通过反光板达到以下3个主要目标：

给予我的拍摄对象和背景之间一个清晰但柔和的分离度

避免脸上产生热点

眼窝要有清晰的照明，眼睛要有反光而不会引起不适

这3个目标需要在使用反光板时用到特定的手段。我们必须清楚使反射光朝向太阳的方向和背离太阳的方向的区别。它们的区别不能更大了。我们来看一下。

使反射光朝向太阳的方向

图8.17：这张示意图展示了拍摄时一个常见的情形。很快你就能发现反光板朝向了太阳的方向。这一点你通过观察地面阴影的方向就很容易就判断。注意图中反光板恰好朝向了拍摄对象的阴影，这样通常会给拍摄对象带来刺眼的光。**图8.14**就是

图8.17 使反射光朝向太阳的方向

这种情形。如果你不得不把反光板朝向拍摄对象的阴影的话，请使用反光板的白面。它能降低反光的负面效果。我一般会避免这样的情况发生，但如果不得不这样拍摄，我就会使用上文讨论的几个技巧。

使反射光背离太阳的方向

图8.18：这张示意图展示的情形通常能带来好的结果。为了达到前述的3个目标，在使用反光板增强光照时我几乎每次都会用到这个技巧。如果你手头并没有高端的器材而需要拍摄头像，那么这个技巧就是你的救命稻草。

首先，你必须找出周围物体的阴影方向。把它当作你的参照。然后，把你的拍摄对象置于开放阴影中而尽可能地靠近阴影线（CLE-6），这意味着完全处于开放阴影的范围内但又离光源尽可能地近。最后，这个技巧的关键一步是找到一片开放阴影，但它的方向与周围被阳光照射的物体的阴影方向不同。在这个示意图里，太阳在左边，而拍摄对象在右边，这将会使反光板朝向了背离太阳的方向。在这个例子里，反光板朝向了右边。你必须小心地控制反光板使反射的光打向拍摄对象。如果控制得当，反光板的一小块会形成直接反射，而其他部分更多的是漫射光。这即是为何拍摄对象有着柔和、光亮的感觉。这种控制反光板的方法需要花时间练习，但实际上，

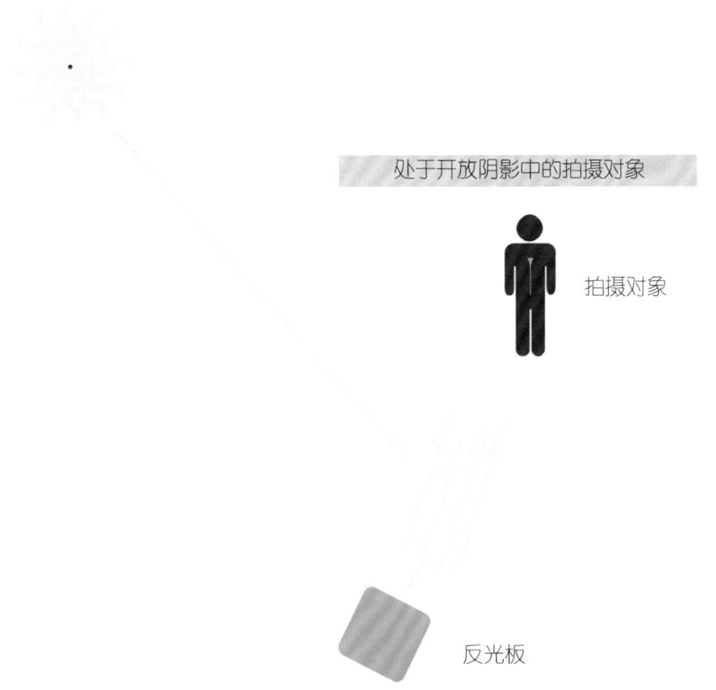

图8.18 使反射光背离太阳的方向

一旦你知道其所以然就非常简单了。下面是几个使用这个技巧的例子，通过系列的方式展示。

图8.19：作为开始，我们加强光照直到我们的拍摄对象焕发出美丽而自然的光彩。这张照片展示的是摄影师中非常普遍的拍摄效果。照片看起来没问题，但是拍摄对象的眼睛暗淡无光。当我的客户——比如此图的Lindsay——请我为她拍摄头像时，我有义务为她拍摄出好的作品。虽然，曝光稍微有点暗了，但最重要的是，她的眼睛里没有反光。很多注意到这点的摄影师觉得用Photoshop修改就可以了。

图8.20：这是同一张照片，但用Photoshop改亮了。眼睛仍然是暗淡的。你可以提高眼睛的亮度，但在眼睛里编辑出自然的反光是非常困难的。

图8.19

图8.20

图8.21：看出区别了吗。这回眼睛充满了活力！要做到这样的光照，首先需要把Lindsay置于开放阴影中。然而，这片开放阴影必须处于拍摄环境中各个物体在地面投下的阴影的左边或者右边。这样一来，在我们使用反光板给她的眼睛打光时，反光板就朝着背离太阳的方向了。参考**图8.18**。我的助手拿着反光板小幅变动它的方向直到打到Lindsay眼中的柔光恰到好处。因为我们没有使反射光朝向太阳的方向，而柔和的反射光对于我们的拍摄对象来说就适宜得多了。

图8.21

图8.22：这是一张眼部的特写，你可以看到反光板是如何使用的。仔细观察，你能看见反光板材料的细节。这意味着阳光没有直射在银色材料上，如果有的话，就会生成反射高光，反光板的使用就失败了。接下来，我们移步到一个能满足我们所有要求的地点。

图8.22

图8.23：仔细观察这个屋顶。物体投下的阴影提供给你了所有需要的信息来帮助你对拍摄位置的决策。我们知道拍摄对象需要处于开放阴影中。围栏中的那小片区域几乎全部位于开放阴影中。这很不错，但现在我们必须确保这片开放阴影处在正确的相对于太阳的位置。我们通过观察地面的阴影来判断这一点。围栏的阴影朝向画面的右下方。如果我们把拍摄对象置于门框中，反光板就会朝着门框上方的方向而不是朝着太阳的方向。只要反光板不朝向地面阴影的方向，这个地点就适合使用这个技巧。

图8.24：结果很出色！光照柔和而又有力。她的眼睛睁得很开，因为光照是柔和的。如果你仔细看的话，反光板的一部分在阴影里，只有上面的部分受太阳照射。整个反光板都对光照起了作用，但关键是阳光并不是垂直地打在反光板上（90度角）。这便是生成如此美妙的光照的原因。

图8.23

图8.24

图8.25：这张照片展示了这个技巧是多么的可靠。我的好友Collin Pierson请我帮他拍摄头像。我知道我可以靠“使反射光背离太阳的方向”这个技巧来快速得到出众的效果。方法是一样的。我把他放在一个有开放阴影的地方使他避免受到阳光直射。接着，我确保选择的位置处于物体在地面投下的阴影的左边或者右边。这个

图8.25

位置确实位于太阳的右边。因此，我用反光板给他打光，因为我知道光线会以一定角度打在反光板上。正如**图8.23**，反光板的一部分位于开放阴影之中而一小部分被太阳照亮。

你要记住，最主要的一点就是如果你想用到这个技巧，你就必须不让反光板朝向太阳的方向。你总是可以利用地面的阴影做参考。

注意如果你是一个人拍摄，你可以用一个小反光板把大反光板架起来朝向你的拍摄对象。当然，这看起来很简陋，但能起到作用并且让你无需带着过多的器材。见**图8.26**。

图8.26

第9章

辅助光：柔光屏的使用技巧

柔光屏是最好用的控光工具之一。它们既便宜又便携。用简单的话讲，柔光屏把刺眼的指向性阳光打散到各个方向，产生出漫射光。我拥有很多各式的柔光屏，直径从最小的12英寸到大型的6×4英尺的California Sunbouce牌的Sun-Swatter。柔光屏的大小并不是唯一可选的特性。柔光材料的厚度也是重要的考虑点。显然，材料越薄，柔光屏就越容易向你的拍摄对象透光。最常见的选择包括一挡漫射（最薄的材料）和三挡漫射（最厚的材料）。我推荐你选用一挡或两挡的柔光屏，它们会给你最大的选择空间。本章我们将会研究几种柔光屏使用技巧，以一张阳光直射下不使用任何柔光屏拍得的照片作为开始，以通过使用柔光屏和影室灯获得最佳的结果作为结束。

室外不使用柔光屏的情况

图9.1：在晴天里，太阳产生的大量强光以单一的方向传播。我们当然可以利用这种强光进行拍摄，但这种光必须要经过柔化。这张我的朋友Rachael的照片旨在快速展示阳光直射下不使用柔光屏的效果。这种光照之所以不好看是因为太阳的距离太远，成为了一个相对很小的光源。太阳的光线以单一的方向传播，照在了Rachael的脸上。因为光照的方向，光线只能照亮她一边的脸而无法到达另一边。阳光从天空竖直地射向地面，这意味着她的眉骨挡住了阳光使其无法进入眼窝，造成眼睛发暗。

这张照片有很多提升的潜力，但首先我们必须改变面部光照的形式。为了柔化光照，光线必须以很多的角度打在她脸上而不是单一的角度。如果我们在她和太阳之间放一块柔光屏的话，柔光屏就会成为新的光源，柔光材料会把光线打散到无数方向，照亮她面部所有的曲线。

图9.1

室内不使用柔光屏的情况

图9.2：在这个例子里，尽管拍摄对象处于室内靠近窗户的地方，阳光仍然以单一方向直射到了他的脸上。窗户无法打散光线到足够产生效果的程度。结果与室外没有任何区别。只需在他和窗户间放一块柔光屏就能解决刺眼的光线和脸部的阴影问题。

图9.2

使用柔光屏充当干净背景

除了用来柔化光线以外，柔光屏的另一个很适合的用途是充当一个干净的背景。当然，这个技巧需要一个光源，比如太阳来给柔光屏背光。让我们看一下它的工作原理。

图9.3：在我在西雅图的一个造型课程期间，我发现了个地点，这里模特的头发能被阳光从背后照亮。光线还不错，但我发现背景中的绿植有干扰性。这是一个使用柔光屏充当背景这个技巧的完美地点。

图9.3

图9.4和**图9.5**：这个技巧的关键是柔光屏必须由太阳或类似的强光源背光。这样才能保证柔光材料材质上的褶皱或折痕不会在最终成像上出现。

图9.4

图9.5

图9.6：我站在了柔光屏前对她的面部进行曝光。因为白色的柔光屏自然地亮于她的面部肤色，对面部曝光就能使柔光屏过曝，从而产生一个干净的、白色的平面作为背景。干扰性的背景不见了。

图9.6

人像摄影中柔光屏的高级使用技巧

就像之前章节介绍的反光板用法一样，柔光屏的使用看起来简单，实则不然。一些柔光屏的用法可以很大程度改善你的成果。让我们看一组Caitlin的照片，它们展示的是逐步使用不同的柔光屏技巧直到获得最终效果这一过程。

不使用柔光屏

图9.7：我们以不使用柔光屏作为开始。除非是作为高端时尚摄影，这种效果对大多数人来说并不好看。在这样的直射强光下拍摄的唯一方法就是根据光线调整造型。

图9.8：显然，我们并没有调整造型。在指向性强光下不使用柔光屏进行拍摄，就会产生刺眼的效果和强烈的面部阴影。

图9.7

图9.8

柔光屏不朝向太阳，远离拍摄对象的头部

图9.9：这张照片展示的是一种无效的摆放柔光屏的方法。首先，柔光屏应离拍摄对象尽可能的近，以增加打到拍摄对象身上的光强。在这张照片里，柔光屏放在了比Caitlin头顶高得多的地方。其次，柔光屏没有朝向太阳。这会很大程度地减少打到拍摄对象身上的漫射光。

图9.10：这是把柔光屏放在远离拍摄对象头部的位置并且不朝向太阳带来的结果。这张照片——与之后其余的照片一样——都使用了完全相同的相机参数设定：ISO 100，f/5.6，1/400。因此，你所见的光照水平的区别仅是由放置柔光屏的不同方法造成的，而不是任何相机设定上的改动。如你所见，这张照片看起来有着均匀的光照，因为柔光屏把光线分布开来了。然而，打在Catlin身上的光很弱且死气沉沉。

图9.9

图9.10

柔光屏不朝向太阳，靠近拍摄对象的头部

图9.11：现在我们把柔光屏放在离拍摄对象头部更近的地方，增大了照亮它的光强。然而，柔光屏的朝向仍然是错误的，没有最大化漫射光的光强。柔光屏应该朝向太阳而不应与地面平行。

图9.12：相机设定与**图9.10**保持不变，我们可以看到移动柔光屏到离头部更近的位置给光照水平带来了很大的改变。Caitlin的光照看起来多了60%～80%。

图9.11

图9.12

柔光屏朝向太阳，远离拍摄对象的头部

图9.13：当柔光屏朝向太阳时，拍摄对象也应面向太阳，注意到这一点很重要。要不然就会适得其反了。在这个例子里，我让Cailin面向太阳，同时让我的助手Franny在Cailin上方无法伸手触及的位置倾斜柔光屏使其朝向太阳。我故意这么设置，目的是展示把柔光屏置于离拍摄对象头部很远的位置时会丢失多少的漫射光。

图9.14：你首先会注意到的是她身上的光显得暖了很多。这是因为照亮她的身体和面部的是直接漫射的阳光。之前，当柔光屏没有朝向太阳时，Caitlin光照的一部分是阴影里的填充光，因此有一种蓝色的光染。把此图与**图9.10**对比，可以发现柔光屏的倾斜也能增大Caitlin光照的光强。

图9.13

图9.14

柔光屏朝向太阳，靠近拍摄对象的头部

图9.15：这是使用柔光屏最有效的设定方式，能最大化拍摄对象身上的光强。拍摄对象面朝太阳。柔光屏朝向太阳倾斜。最后，柔光屏离模特的头顶尽可能地近但不出现在画面中。

图9.16：相比于**图9.10**，我们在漫射光的质量和强度方面已经改进很多了。相机的参数设定没有做任何改动，但本图中Caitlin的光照增加了两倍还多。我们只是让模特面朝太阳、朝太阳的方向倾斜柔光屏并放在靠近拍摄对象头部尽可能近的位置，就做到了这点。

图9.15

图9.16

漫射光与影室灯

图9.17：这是最大化利用柔光屏的最后一步。首先，需要按照**图9.15**所示的正确方式使用柔光屏。然后，一旦模特受到漫射光照射，我们就加上一盏影室灯来加强光照的效果！

图9.17

图9.18：这张照片有力地结合了漫射光和影室灯的特性。即使正确使用了柔光屏，有时候拍摄对象的眼睛仍然会显得暗淡。要使美丽的漫射光更上一个台阶，就要用影室灯来给照片增强光照，同时在拍摄对象的眼睛里增添反光。

我80%的时间都会用到这个柔光屏/影室灯的结合用法，因为它确实能给照片一种高端杂志照片的感觉。注意影室灯必须要经过修饰变成一个足够大的光源才能产生柔光。在这个例子里，我把一个柔光遮板附在Broncolor Para 88型的灯罩上来进一步柔化光线。

图9.18

第4部分

辅助光：闪光灯的使用技巧

第10章

掌握闪光灯的核心功能

对很多人来说，理解和有效使用闪光灯是学习成为摄影师的过程中最令人生畏的部分，常常让摄影不再是一种享受。不像自然光，使用闪光灯时你所见非所得。此外，当打开闪光灯时，拍摄一张照片你就要处理两个曝光，而在自然光下你只需顾及一个即可。

另一个让人们怯于使用闪光灯的重要原因是当使用不当时，拍出的照片就会看起来很假而不自然。摄影师们会买昂贵的专业闪光灯，但不幸的是，他们从不花时间去掌握闪光灯的使用或者去体会闪光灯对作品的提升。基于这些以及更多的原因，他们决定远离闪光灯而自称“自然光摄影师”。

但是我必须告诉你，闪光灯发出的光也是由光子组成——与太阳发出的光是完全一样的。光子是由太阳还是由闪光灯产生的完全不重要。光就是光，总会有着相似的特性，与光源无关。自然光会看起来像闪光灯的光，而闪光灯的光也能看起来像自然光。如果记住了这一点，你就能以开放的思维接受这些信息把闪光灯的光视为光的一种，而不是什么可怕的会毁掉你的照片的东西。

只要理解了以下须知的三点，你就能让闪光灯为你所用而不是帮倒忙：

- 闪光灯的工作原理及其能力（本章）
- 光的特性（第3章）
- 如何让你的相机与闪光灯协同工作（本章及第12章）

闪光灯可以成为你的大救星。懂得使用闪光灯是令人兴奋的一件事，因为只要闪光灯的电池充足，它就能随时随地为你提供所需的光照。阳光或氛围光可以是强烈的、微弱的、蓝色的或者是橙色的，但闪光灯的光永远是始终如一的。你的生涯将不再受弱日光或者窗光支配了。

本章的目的

我花了很多时间和精力来思考如何来写这一章。我仍记得我早年间深受闪光灯困扰的日子。我尝试了所有能想到的办法来帮助我掌握闪光灯的使用。可惜我的运气不够好。闪光灯就像一匹无法驯服的野兽，而我的困惑和沮丧因此与日俱增。

所以我想在这里把我的方法和我的目标告诉你。我写下本章和下一章的首要目标，就是帮助你把闪光灯视为能为你的照片增光添彩的工具。我想让你使用闪光灯时不再犹豫，担心它会毁掉你的照片。我想让你感到100%掌控着闪光灯的行为和带来的结果。我想让你把闪光灯当作一个能给画面中的任意一部分带来特别关注的工具。我想让你把闪光灯视为对自然光美好的补充，而不是一种毁掉它的方式。最后，我想让你把闪光灯视为一个能带来无限创意可能的简单工具，把你的作品提升到一个新的高度。

为了做到这点，我将会去除所有对学习控制和理解闪光灯不必要的科学成分。任何妨碍你理解的数字或者数学的内容将会减少到最低的程度，如果不能忽略的话。我会尽量避免讨论具体的闪光灯型号或者品牌；科技是会随时间变化的，但是对闪光灯系统的主要原理的理解永远是不会变的。

尽管花了很多年来学习闪光灯系统所有现有的知识，但我不认为你需要知道每个设置、参数和功能才能有效使用闪光灯。你会发现90%的时间里你在重复使用同样的一些功能。最重要的是，我希望你能从容地使用闪光灯，而不是让你在鸡尾酒会上和电子工程师和物理学家们谈笑风生。

简易闪光灯术语及关键功能

所有先进的现代闪光灯都有着相似的内置科技。在我写下本章时，我假定你已经拥有了一部专业闪光灯，有手动模式、TTL模式，也可以作为遥控闪光灯以灯组和频道的形式使用。我也假定你在遥控闪光的时候有至少2部以上闪光灯供你使用。大多数闪光灯都有我将要讨论到的功能。只有那种非常基本的、入门的闪光灯不具备那些功能，也是我不推荐职业摄影师使用的。

不管是哪个品牌，大多数专业闪光灯都有着相似的基本功能的屏显方式。有时候可能会有一些差别，但大体上它们都是非常接近的。下文中那些照片的目的是为你展示闪光灯的关键功能。市面上有太多的型号和品牌因此无法去覆盖所有的屏显类型，而旗舰型号几个月就会更新换代，它们的屏显可能会发生一些改变。你只需要专注我展示的关键功能而不用顾虑你手里的闪光灯的品牌。

TTL

这个缩写指的是“通过镜头测光”（Through The Lens）。只要你打开闪光灯，它很有可能就处于这个模式下。从最基本的层面讲，当你的闪光灯处于TTL模式下，就意味着闪光灯的处理器会代替你去思考。闪光灯根据相机传来的“通过镜头”获得的信息来判断需要释放多少的闪光量。在TTL模式下，闪光灯的编程使它总是会试图达到18%灰度的曝光。闪光灯总是会试图把曝光保持在适中的程度，既不过亮也不过暗。

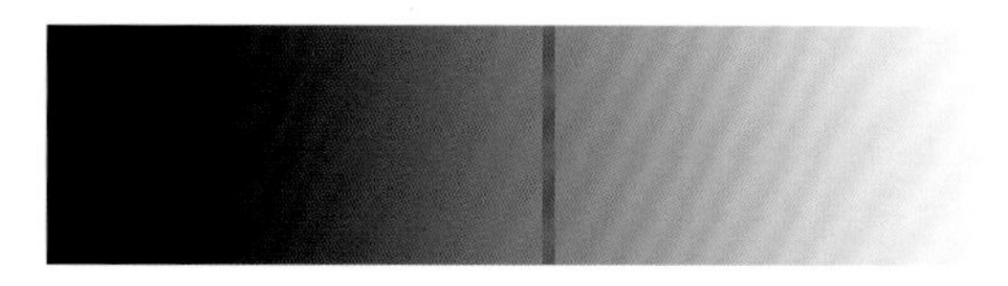

图10.1

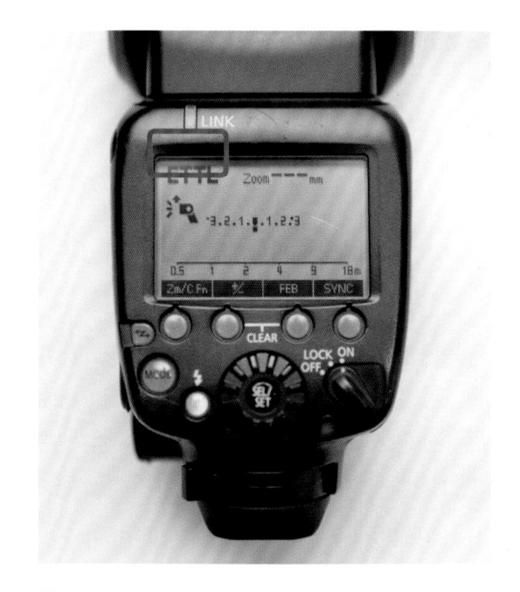

图10.2

图10.1：为了在视觉上便于理解，请看此图。左边黑色的一侧代表相机通过镜头捕捉到的是黑暗环境。右边白色的一侧代表相机通过镜头捕捉到的是非常明亮的环境。红线代表的是闪光灯的编程所要达到的目标：18%灰度。这张图使得理解TTL模式的思考方式变得简单而直接。当你把镜头指向黑暗的地方（红线左侧），闪光灯就会向场景中发出更多的光能，以使拍得的照片的曝光回到基准的程度，即红线的位置。而如果你拍的东西过亮（红线右侧），闪光灯就只会产生极少的光来使曝光回到红线。（你可能觉得闪光灯可能根本就不闪光了，但实际上它仍必须闪光，因为我们打开了它让它进行闪光）。无论你的镜头指向哪里，TTL模式下的闪光灯总会相应调整它的输出量以使曝光回到红线的位置。

图10.2：这部闪光灯处于TTL模式下。你可以忽略掉TLL前面的E。“E”仅代表这个闪光灯相对于原来的TLL系统采用了更为现代的模式（下文会提及这点）。

FEC

这个缩写指的是“闪光曝光补偿”（Flash Exposure Compensation）。调整FEC通常是用闪光灯拍下一张照片后的下一步。基本上这指的是如果你不满意TTL闪光的效果，你可以根据需要强制闪光灯增大或减小输出量。举个例子，如果你的闪光灯处于TTL模式，你的镜头指向了拍摄对象，闪光灯就会产生足量的光以使曝光保持在红线位置（**图10.1**）。但是如果拍摄对象看起来仍显过暗，你可以通过使用FEC功能就能强制闪光灯输出更多的光能。大多数闪光灯可以让你调整最高暗上3挡或亮上3挡的闪光输出。在大多数的情况里，可以把TTL当作很好的起始点，然后你可以使用FEC来微调闪光灯的输出直到对效果满意为止。就是这么简单。

图10.3：屏幕显示这部闪光灯处于TTL模式下。但是闪光曝光补偿（FEC）按键已被按下，因此FEC调整模式启动。这部闪光灯可以进行FEC调整了，因为FEC

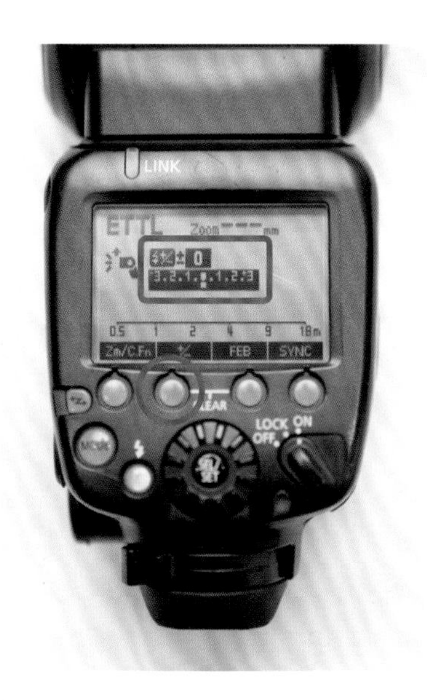

图10.3

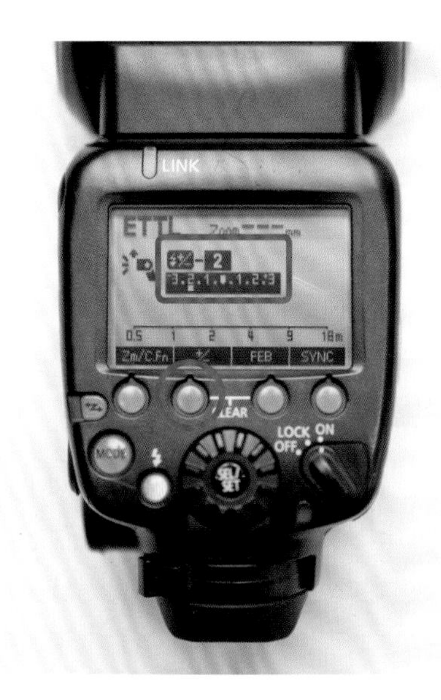

图10.4

的范围刻度已被选中。然而根据屏幕显示，FEC没有受到调整。刻度中的指针显示为“0”。

图10.4：FEC部分被选中，意味着FEC可以进行调整了。这一次，摄影师向“0”左侧选择了两挡（-2）。TTL模式的闪光灯会使场景得到合适的曝光，但在闪光之前它会降低两挡的亮度。

图10.5：这一次，FEC增加了一挡（+1）。闪光灯在闪光之前会在TTL预估的初始亮度上增加一挡。

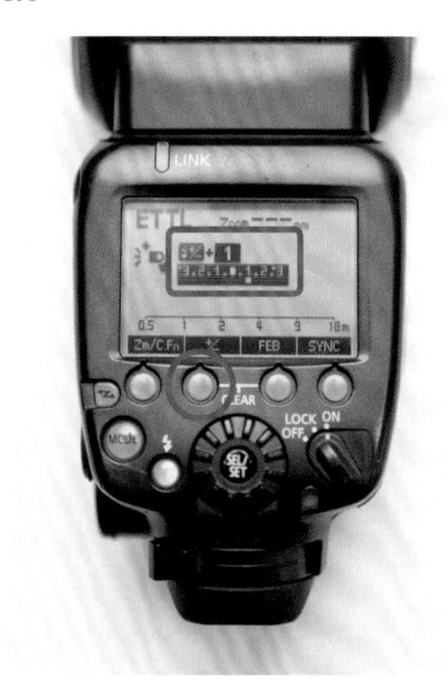

图10.5

E-TTL与E-TTL II

E-TTL与E-TTL II仅仅指的是更为现代和先进的TTL模式。这些TTL技术的最新版本在处理闪光灯与拍摄对象间的距离更为精巧，在处理比如背光或者黑暗背景这种棘手情况时也更得心应手。然而它们的核心依然是一样的：闪光灯代替了你思考。有时候这种科技很好用，而有时候它们带来的效果与你所想相去甚远。“E-TTL”指“通过镜头评估与测光”（Evaluative Through The Lens）。你可能会在一些品牌上见到它的不同称呼，比如i-TTL“镜头智能测光”（Intelligent Through The Lens）。如果闪光灯与你的拍摄对象间的距离一直在变，这就会是非常好用的工具。但是它并不能揣摩你的心思。如果你所设想的与闪光灯TTL处理器算出的完全不同，你就必须使用手动模式了。

手动闪光（M）

当把闪光灯设为手动模式（M），闪光灯的TTL测光系统就会关闭，你有了选择闪光功率的自主权。一旦选好了想要的功率，无论环境或者距离如何，闪光灯都会按照你的选择进行闪光。闪光灯会持续以这个功率闪光直到你改变设定为止。手动闪光最吸引人的地方就是你不用再臆测了，如果拍得的效果不是你想要的，或者你选择的功率让你的拍摄对象显得太暗了，那么只需增大功率直到拍摄对象达到理想状态为止即可。同样，如果你选择的功率让你的拍摄对象显得太亮了，那么只需减小功率就能获得正确的曝光。

在手动模式下，你也可以把闪光功率设定到最低，来只为你的拍摄对象增加一小点的光，这样他们的眼睛就会有动人的反光而整体的曝光则不受影响。就是这么简单！

我95%的时间都把闪光灯设为手动模式。只有在拍摄对象正在朝向或者远离我的方向移动时，我才会选择TTL模式。不然，我的闪光灯始终保持手动。经过数年在全世界各地的闪光灯使用教学，我认为人们不会用闪光灯的主要原因就是他们觉得闪光灯不可控。他们太过于依赖TTL模式了。取决于相机对场景的计算，TTL模式会不停地改变闪光灯的功率。如果人们更多的用手动模式使用他们的闪光灯，他们就会发现闪光灯实际上是非常可控的。

图10.6：这部闪光灯的模式从TTL设为了手动（M）。在手动模式下，你可以自主选择功率。在这个例子里，范围刻度显示闪光功率设为最大值，即1/1。指针指在了范围刻度的最右边。

图10.7：模式依然是手动模式，但是功率降为了1/8。

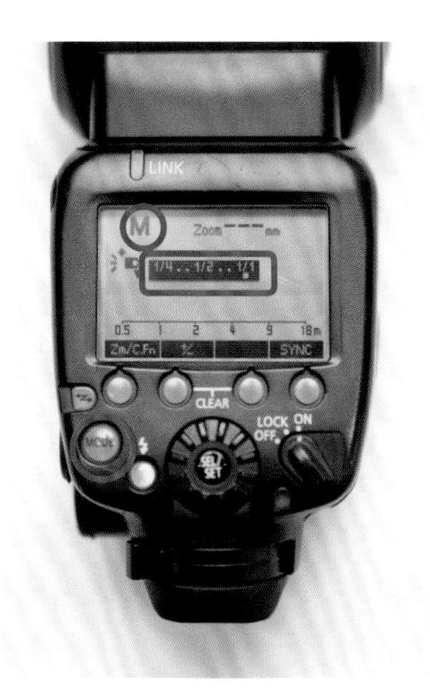

图10.6

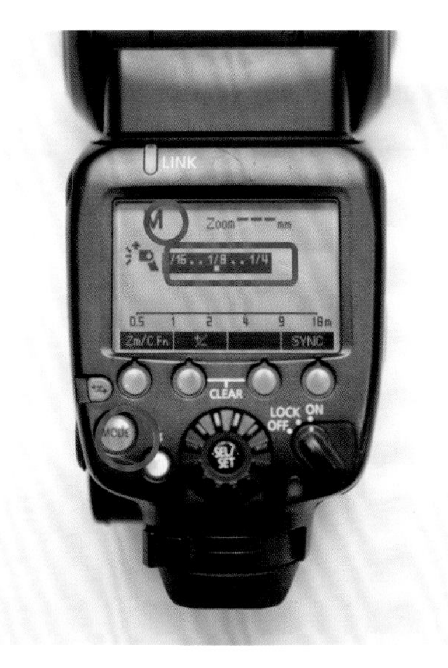

图10.7

前帘同步

前帘同步指的是前帘打开的瞬间发出闪光。当你的闪光灯设为了前帘同步，它就会在曝光发生的最开始发出闪光，即你按下快门键的那一刻。

相机的感光器被两片帘覆盖。当快门键被按下时，前帘就立即打开使感光器暴露在光下，闪光灯在此刻立即闪光。如果你用比较慢的快门速度拍摄——比如说1秒——那么一旦感光器完全暴露在光下，闪光灯就会发出闪光。很重要的一点是，当闪光灯闪光时，光的迸发（也称为“闪光持续时间”）比你在相机里设定的快门速度要短得多。这意味着闪光灯会定格曝光最开始时的影像。如果你的拍摄对象在曝光时处于移动状态，那么一个运动轨迹的虚影就会出现在照片里。

后帘同步

这个功能与前帘同步正相反。假设你的快门速度很慢——比如说还是1秒——闪光灯会在快门关闭、完成曝光前的那一瞬间发出闪光。这意味着你可以使用更慢的快门速度来获得更多的氛围光，然后闪光灯会定格快门关闭那一瞬间你的相机捕捉到的动作。我在婚礼现场拍摄时使用后帘同步让氛围忠于现实，同时定格住舞池中舞蹈的人群。需要注意的是，后帘同步只有在当闪光灯连在相机的热靴（Hot Shoe）上时才能使用。

图 10.8：这是后帘同步常见的标志。右侧黑色的小箭头指的是闪光发生于曝光的最后一刻而不是最早一刻。拍摄时整体检查一遍液晶屏上所有的信息是个好习惯。在此图里，注意闪光模式是TTL，闪光曝光补偿为0。对于图中这个型号来说，同步功能可以通过红圈标出的按键调出。你可以在尼康、索尼或者任何一个品牌的闪光灯上找到这个功能。它们都是一样的。

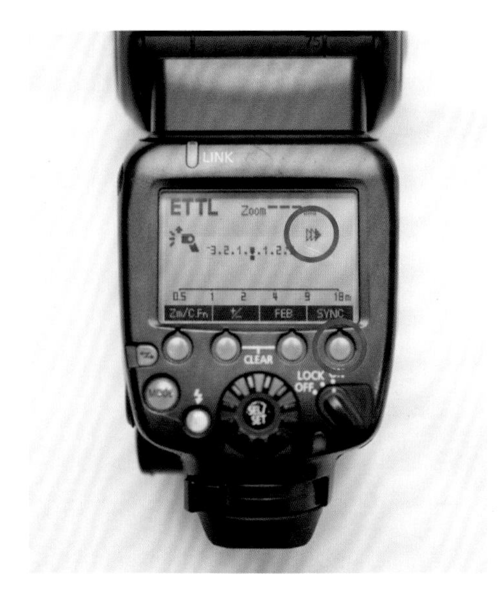

图 10.8

高速同步

在使用闪光灯或者影室灯时，相机对快门速度有个最快限值。它被称为“闪光同步速度”。佳能相机的闪光同步速度是1/200。而尼康相机是1/250。然而随着闪光灯科技的进步，高速同步功能的问世克服了这个问题。当你的闪光灯打开了这个功能后，你就能用于任何快门速度，甚至是最快的快门速度，通常是1/8000。尽管如此，在任何快门速度下使用高速同步闪光是有代价的：闪光灯的功率被极大地削弱了。在使用高速同步时，你会失去2.5挡的闪光。但是如果你的拍摄对象离相机太远的话，闪光灯就不会那么弱了，有足够的强度打光到拍摄对象上。

我在室外拍摄时超过一半的时间都会使用高速同步。我一直喜欢增加一点闪光来为我的人像的光照锦上添花，而高速同步使得白天在任意快门速度下使用闪光灯成为可能。

图 10.9：这是高速同步常见的标志。知道它的标志长什么样非常重要，因为如果它是开着的，就会极大地降低闪光灯的功率。

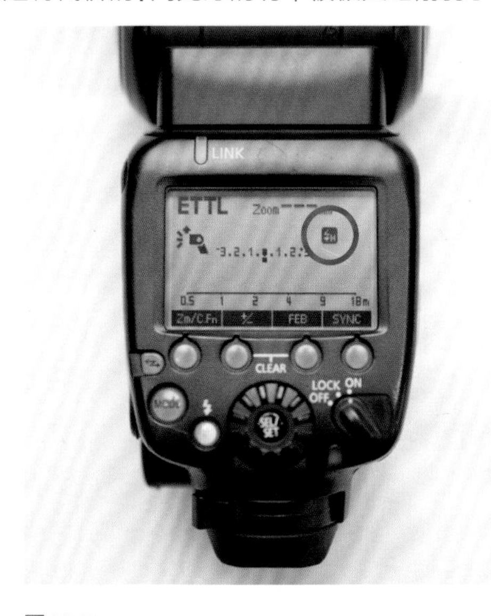

图 10.9

这便是为何我总是建议摄影师们在拍摄前检查整个闪光灯屏幕以确保设定无误。

闪光变焦

闪光灯覆盖的范围可以通过使用闪光灯的变焦功能进行调整。闪光灯的闪光可以覆盖很宽的范围，也可以是一条很窄的光束，或者是两者之间。一般而言，闪光灯会自动获取相机使用的镜头的信息，然后根据该镜头的焦段自动调整闪光的焦距以覆盖镜头的范围。

当然，你也可以把闪光灯的变焦功能改成手动调整。这意味着你可以接上一个广角镜头，比如35mm的镜头，然后调整闪光灯的焦距使之只覆盖很小一片的区域，相当于挂的是200mm的镜头一样。为什么要这么做？这是因为，如果闪光变成了一条很窄的光束而你使用的却是一个广角镜头，闪光就不会照亮整个画面。这会带来一种自然的暗角效果。闪光灯照亮了画面的中心，而向照片边缘的方向渐渐变暗。我时常会用到这个技巧。

另一个闪光变焦的创造性用法是把它与高速同步相结合。如前文所述，在使用高速同步时，闪光灯会失去大部分的功率。那么，如果你调整闪光焦距使之变成窄光束，光强就会自然地变大，弥补一些丢失的闪光功率。

图10.10：按下左侧红圈标示的按键，就打开了闪光灯的手动变焦功能。只要看见右上角标示的高亮内容，你就知道这个功能已被开启了。在这个例子里，焦距设为超广角的20mm。

图10.10

图10.11：现在焦距从20mm改成了最大值200mm。不同的闪光灯品牌有着不同的最大焦距。这是我用于创造暗角效果的焦距选择。

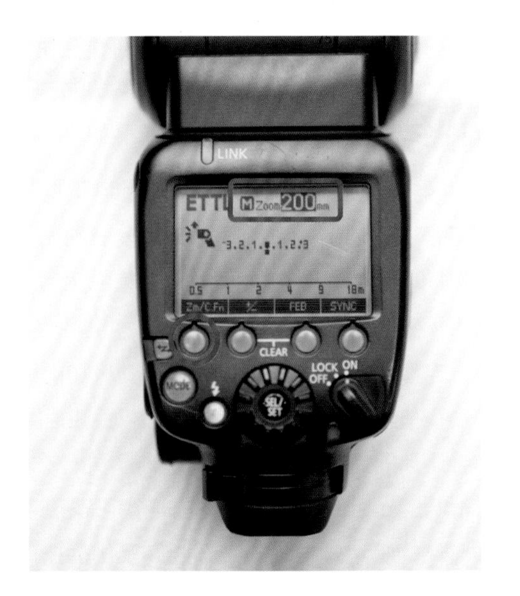

图10.11

无线遥控闪光

对有些人来说，无线遥控闪光似乎比宇宙中的黑洞更难以理解。就像与闪光灯有关的信息一样，我归咎于讨论无线遥控闪光时用到的术语、图表、数字和单位。我会尽最大的可能保持简练、澄清术语、使混淆降到最低的程度。为了解释无线遥控闪光的工作原理，我会用到一个类比。

下面即是无线遥控闪光的基本要点。你只需知道以下5点：

- 你需要知道什么是主控闪光灯
- 你需要知道什么是从属闪光灯
- 你需要知道什么是无线频道
- 你需要知道什么是灯组
- 你需要知道光学引闪器和无线引闪器的区别

什么是主控闪光灯？

主控闪光灯，又称指挥闪光灯，是安置在你相机热靴上的主灯，起到指挥所有遥控闪光灯的作用。这个主控闪光灯会控制其他的灯何时闪光、如何闪光。主控闪光灯有且只有一部。像Pocket Wizard这样的发射器可以作为主控灯的引闪器，与其他加上了Pocket Wizard接收器的遥控闪光灯进行连接。

图10.12：通过按下红圈标示的无线按键，这部闪光灯被设为了主控灯。如果你用的是别的品牌，只需找到能设置闪光灯成为主控或者从属的那个按键或者指令即可。任意一个专业闪光灯都带有基本的无线功能，因此不管是什么品牌，它们理应都很容易设置。

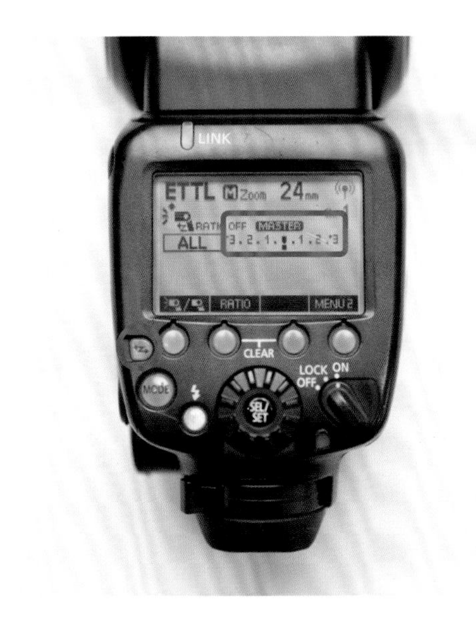

图10.12

什么是从属闪光灯?

从属闪光灯指的是那些不安置在相机热靴上的闪光灯。一部主控闪光灯可以控制一组从属闪光灯。主控灯就像是发号施令的将军，而从属灯就像前线的士兵。除非主控灯发出了指令，从属灯不会做出任何动作。每个从属灯可以单独设置成TTL模式或者手动模式。

图10.13：通过按下红圈标示的无线按键，这部闪光灯被设为了从属灯。此灯现在将会听从主控灯的指挥。

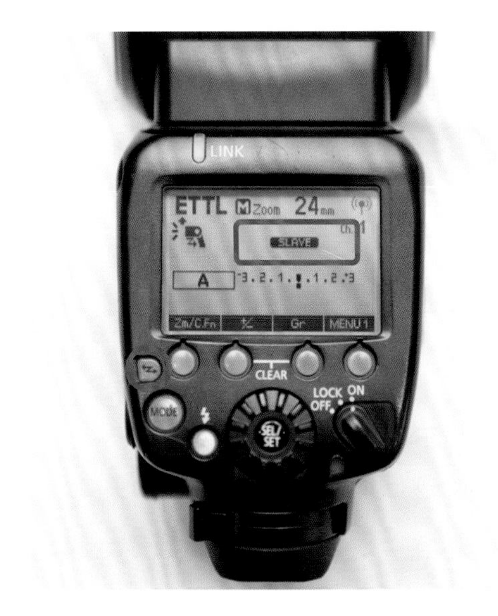

图10.13

什么是无线频道?

无线频道的作用是使工作范围非常靠近的摄影师们不会误控到别人的遥控闪光灯。一个摄影师可以选择频道1，另一个经过沟通可以使用频道2。如此一来摄影师们就只会触发自己频道内的闪光灯了。在拍摄婚礼时，我会把我所有的闪光灯设为频道1，我的助手的闪光灯设为频道2。这样在他拍摄时，只有他的闪光灯会工作而不会影响到我的。

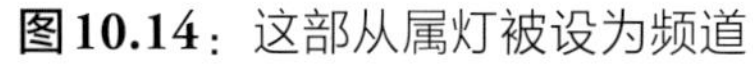

图10.14：这部从属灯被设为频道1。红圈标示的按键可以进行频道选择。大多数专业闪光灯都有容易设置的专属频道按键。

图10.14

什么是灯组?

在每个频道内你可以控制多个处于TTL模式或手动模式下的闪光灯，各自可以有不同的功率设定。为了给各个闪光灯发出指令，我们必须给它们命名。

假设你在频道1有3部从属闪光灯。闪光灯可以被分配到不同的灯组内，如灯组A、B、C、D或E。举个例子，一部闪光灯被分配到了A组，剩下两部则被分配到了B组中。这样我们就可以给各个灯组发出单独的指令。(注意主控闪光灯永远是在A组）从主控闪光灯或者相机的闪光灯菜单里，我们可以设定所有A组闪光灯在手动模式下进行满功率闪光。在这个例子里，A组只有一部从属闪光灯，但你可以随时添加更多。B组的闪光灯可以设为手动模式下进行1/4功率闪光。在这个例子里，B组有两部闪光灯。你也可以让A组处于手动模式而B组处于TTL模式。你可以随意调整。需要注意的一点是，要是在遥控闪光灯上用TTL测光系统，你就必须使用合适的引闪种类。举个例子，Pocket Wizard或类似的品牌改进了他们的技术使遥控闪光灯也可以使用TTL模式了。可能在遥控闪光灯上使用TTL模式的最简单的方法就是使用同一个品牌和型号的现代闪光灯。这会大大提高可靠性和易用性。我知道世面上有不少第三方厂家出的很便宜的闪光灯，但是在我工作时这些便宜的副厂闪光灯带来的效果有好有坏。在我看来，拥有少量可靠的大牌闪光灯如佳能、尼康或索尼，比拥有很多不靠谱的副厂灯要好得多。闪光灯非常重要，不值得在这上面省钱。坦率地说，我情愿在镜头上省钱也不愿意在闪光灯上省钱。

图10.15：这张图展示了三部从属闪光灯。它们都处于频道1，意味着它们可以互相沟通，一旦主控闪光灯发出信号它们就会同时闪光。左侧的闪光灯被分配到了A组。中间的闪光灯被分配到了B组。右侧的闪光灯被分配到了C组。这意味着你可以把每个组设为不同的功率和模式。在这个例子里，液晶屏显示它们都被设为了TTL模式，闪光曝光补偿为0。

图10.15

什么是闪光比？

简而言之，闪光比使你可以给不同灯组的闪光灯分配不同的功率设定。举例来说，拍摄时如有两个灯组，A和B，摄影师可以选择让A组的闪光灯比B组更强，或反之。你甚至可以控制三个灯组，A、B和C。A和B组能以你想要的闪光比照亮拍摄对象，而C组则可以独立于A和B组照亮背景。试验不同的闪光比可以让闪光灯摄影变得有意思得多，而闪光比是个能够塑造和修饰符合你所想的光照的关键功能。

光学引闪器和无线引闪器有什么区别？

主控闪光灯和从属闪光灯之间有两种无线连接的方式。第一种叫光学引闪器，也称视线引闪器。当使用这种光学引闪器时，主控闪光灯机内会快速发出通讯光线。当从属闪光灯探测到主控灯发出的光后，它们就会立刻闪光。这一过程发生得非常快无法被肉眼察觉，而主控灯发出的通信光线不会影响到实际的曝光。因为各个闪光灯必须要“看”到对方才能保持通讯，所以它们必须处于各自的视线内。中间不能有墙或任何能遮挡从属闪光灯视野的物体，要不然从属灯就看不到主控灯的光了。

另一种引闪器称为无线引闪器，使用无线电波连接闪光灯。你可能需要单独的硬件，如Pocket Wizard，来提供无线电射频功能。一个设备用来发射无线电信号（发射器），另一个设备用来接收无线电信号（接收器）。这听起来挺麻烦，但无线电传输的优点是信号可以穿过墙壁、汽车、树木或其他任何障碍物。因此，当使用无线电传输时，你可以把从属闪光灯放在任何你想放的地方，而不必担心它们会不会在你按下快门键的时候一起闪光。

光学引闪器的优点是你可以在从属闪光灯上使用TTL或手动模式。而对于无线引闪器来说，你一般都要把所有的从属灯设为手动模式。然而，在编写本书时，无线引闪器也逐渐不受TTL/手动模式的限制了。不久的将来，大多数相机制造商都会把无线电射频技术内置在闪光灯中，这样就不再需要外置的设备。佳能当前的旗舰型号，600 EX-RT，是首个内置无线引闪器的闪光灯（因此带有RT后缀）。其他厂商也会积极跟进。

相机对同时控制的从属闪光灯的数量有上限限制。你应该参考你的用户手册来确认相机能够控制多少闪光灯。在我的整个职业生涯中，我总共有6部闪光灯。我很少会同时用到所有6部，通常使用1部主控闪光灯和2部从属闪光灯。当然，这取决于各个场景的需要。

图10.16：这部闪光灯内置了无线发射器和接收器。因此，它既能无线引闪也能光学引闪而无需任何额外的设备，如Pocket Wizard。屏幕右上方红圈内的符号表明这部闪光灯选择了无线引闪。因此主控闪光灯必须也设为无线引闪才能与之沟通。

图10.17：液晶屏显示这台从属闪光灯选择了光学引闪，或视线引闪。为此主控闪光灯必须也设为光学引闪。很多学生因为没有意识到自己手中的一台闪光灯是无线引闪模式而另一台不小心设成了光学引闪而倍感沮丧，闪光灯根本就不协同工作。他们觉得肯定是闪光灯坏了，但实际上他们仅仅是没有仔细检查屏幕、阅读上面所有的符号而已。有时候，快速而耐心地扫一眼屏幕上的符号就能解决90%让你头疼的闪光灯的问题。

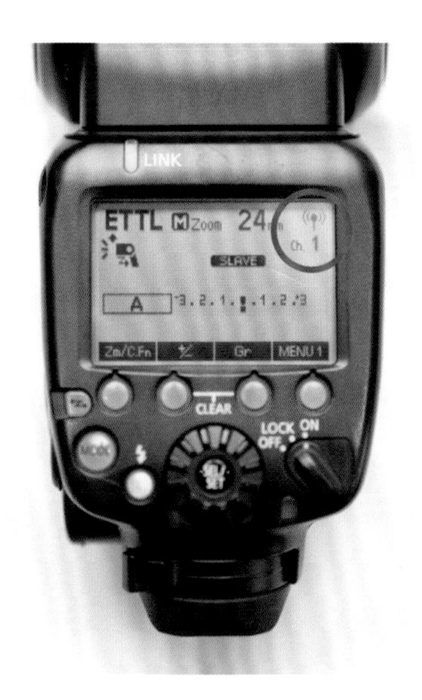

图10.16

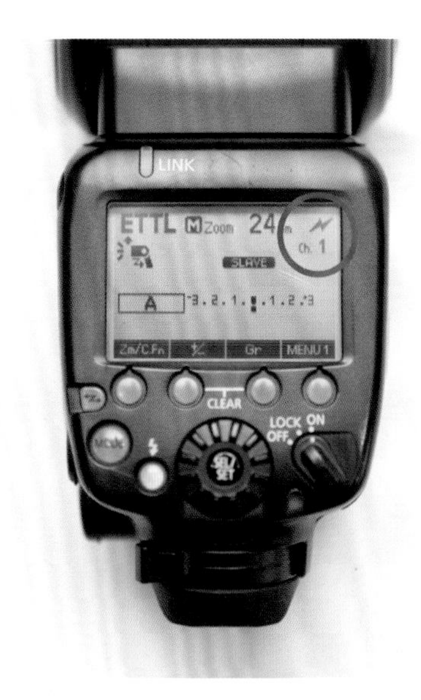

图10.17

一个小练习

图10.18：仔细观察每部闪光灯的屏幕。这与你用尼康、索尼、奥林巴斯还是佳能的闪光灯没有关系。你只需基于前文的讨论，试着辨认出这三部闪光灯组成的灯组设置。做完之后，再移步下一图核对答案。在实际拍摄中，你快速扫一眼这三个屏幕应该就能完全了解了每个闪光灯的设置。

图10.19：我首先注意到的就是所有3部闪光灯都设为了无线引闪模式。如果其中一部设成了光学引闪，那么它就无法与其他两部联动了。接着，我检查3部闪光灯是否都处于同一频道。并没有！前两部设为了频道1，但右边这部是频道2。这意味着如果频道1 的闪光灯闪光时，频道2的灯并不会亮。然后，左侧的闪光灯被分配到

图10.18

了A组。它被设成手动模式，功率为1/4。中间的闪光灯被分配到了B组。它被设成TTL模式，闪光曝光补偿为0。最后，右侧的闪光灯被分配到了C组。这台闪光灯是TTL模式但闪光曝光补偿减为-2挡。此外注意所有3部闪光灯的焦距都手动设为了24mm。

这样的练习能帮你在压力下从棘手的情况中解脱出来。我没有列出这些闪光灯具体型号，目的是让你能专注于液晶屏上的信息而不是闪光灯的牌子或型号。这些信息与我们的目标无关。你必须花时间用这种小练习来测试自己是否注意到了屏幕上的所有信息、判断是否存在不一致的设定，并掌握修改它们的方法以使所有闪光灯都能按照要求工作。相信我，你会庆幸自己做了练习的！

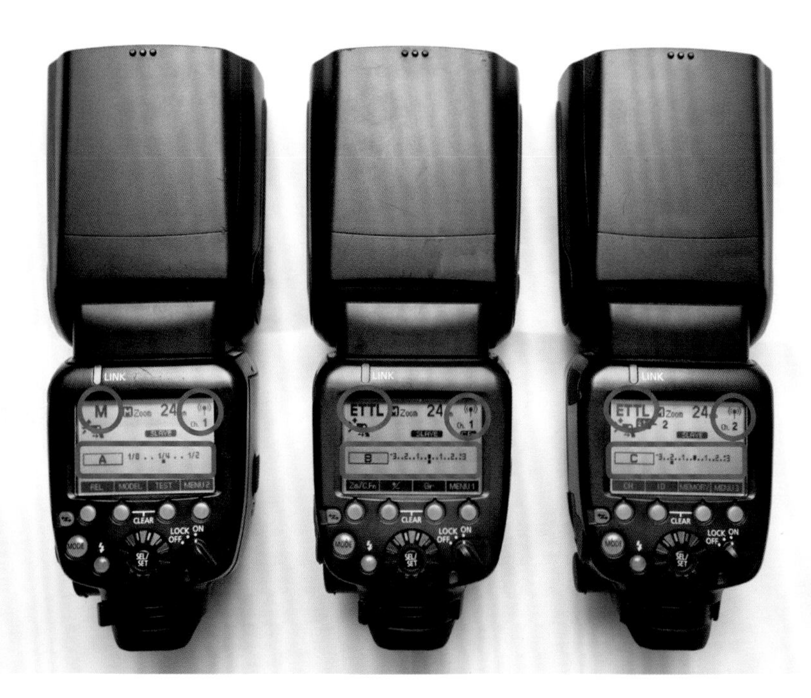

图10.19

第11章

闪光灯的速度训练

实话实说，如果你想掌握一项新技能，你就必须把它分解成小的、可控的部分各个击破。即使是最望而生畏的技能也能通过分解的方法掌握，先从最小最简单的部分来学习，然后转向更难的部分，以此类推。闪光灯亦是如此。即使在我的职业生涯现在这个阶段，如果我有段时间没用过闪光灯了，我仍然需要把它拿出来过一遍关键的功能来确保记忆的鲜活无误。我最不希望发生的便是在拍摄现场充满压力，忘记如何操作我的闪光灯。

早年作为职业古典吉他手时，我每个月都需要为两月一次的演出去学习和排练新的乐曲。有些乐曲长达10多页。能够记下全篇的方法不是一次性强行去学习。我会假装把第一页第一行的乐谱当作整篇的乐曲。我会不断重复这一行，直到驾轻就熟，甚至是闭眼都能演奏。我会把这行乐谱背得滚瓜烂熟。这变成了一种肌肉记忆的练习，我甚至到了不用思考就能以高超的技艺和表现演奏出来的地步。

摄影基本上是一回事。闪光灯的使用属于摄影里技术的一面，而用闪光给你的作品增添活力属于艺术表现的一面。如果没有掌握技术的一面，想要获得艺术表现力是很难的。为了拥有创意的思维并且创作出独特的作品，你的大脑必须集中精力在创作的过程上，而不是在按下哪个按键才能设好闪光灯上。对闪光灯关键功能的掌握应该成为你的第二本能。

如有最大限度的利用以下这些闪光灯的快速练习

下面这些练习以从简到繁的顺序排列。这些练习会给你带来挑战甚至是挫败感，但正是处理挫败感的方式才是你学习掌握无线遥控闪光的关键。我不指望你能一次就顺利完成所有的练习。这更多程度上是种循序渐进的过程。最后几个练习将会非常复杂；这些练习要求你利用数个闪光灯来完成多项高级遥控闪光灯的使用技巧。

请记住，对于许多的练习——特别是那些遥控闪光灯的部分——我着重于如何调整和控制TTL模式的闪光。这是因为TTL通常是导致所想非所得的罪魁祸首。因为相机的判断是基于所选的测光模式来力争达到18%灰度的曝光，所以带来的结果可能会相去甚远。知道如何快速预测和调整TTL闪光，将会对你非常有利。然而，也正是因为这个原因，就如在之前的章节里提到的，我绝大部分的时间里都会选择把闪光灯保持在手动模式。这样我就不必去揣测闪光灯会怎么想、怎么做。要是闪光太亮我只需降低功率，太暗就增大功率。

我强烈推荐你随身携带闪光灯的用户手册。因为我不可能知道所有读者手中的器材种类、年代、款式，所以这些练习需要你知道或者能快速找到如何开启每个任务所需的功能的方式。如果你找不到闪光灯的某些功能，可以试着上网寻求帮助。你也可以与有着共同兴趣的人们组成小组一起完成这些练习。这样，在练习的过程中每个人的知识就能形成互助。

另一种方式是独自或者与你的小组先完成尽可能多的练习，然后继续进入之后的章节。之后，你可以再设立一个目标，不借助任何帮助自行完成所有练习。这些练习会强迫你自己去研究闪光灯，从长远的角度看能让学习的过程更有影响力、更有裨益。所以好好享受练习的过程，仔细阅读每条指示，愉快的学习吧！不久之后，你就能驾轻就熟了。让我们开始吧。

机顶闪光灯的速度训练

下面这些练习的场景设定是室内。相机位于模特前6英尺的位置，闪光灯挂在了相机的热靴上。

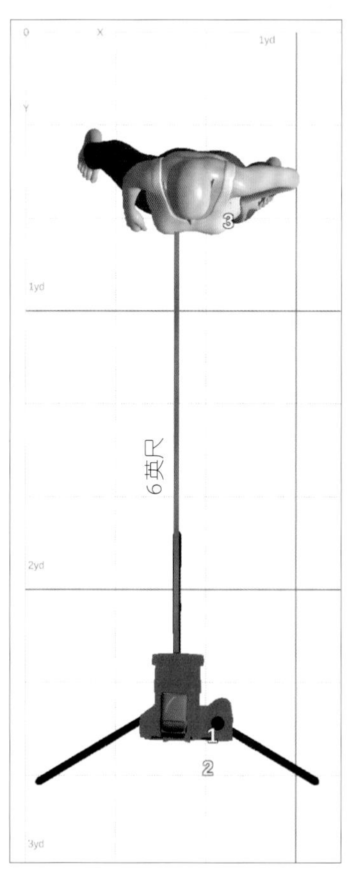

这是练习1-13的布景设定

练习1：确保闪光灯处于TTL模式，FEC设为0

目标：检查闪光灯是否处于TTL模式，FEC是否为0。

1. 打开闪光灯。
2. 浏览屏幕检查TTL模式是否开启。
3. 在闪光灯屏幕上找到FEC刻度并确保设定为0。
4. 如果都没问题，练习就完成了。如果有，做出必要的调整以达到本练习的目标。
5. 拍一张照片，然后关闭闪光灯（**图11.1**）。

练习2：确保闪光灯处于TTL模式，FEC设为-2

目标：检查闪光灯是否处于TTL模式，FEC是否为-2。拍得的照片应比练习1要显得暗些。

1. 打开闪光灯。
2. 浏览屏幕检查TTL模式是否开启。
3. 在闪光灯屏幕上找到FEC刻度并确保设定为-2。
4. 如果都没问题，练习就完成了。如果有，做出必要的调整以达到本练习的目标。
5. 与练习1一样，拍一张照片，然后关闭闪光灯（**图11.2**）。

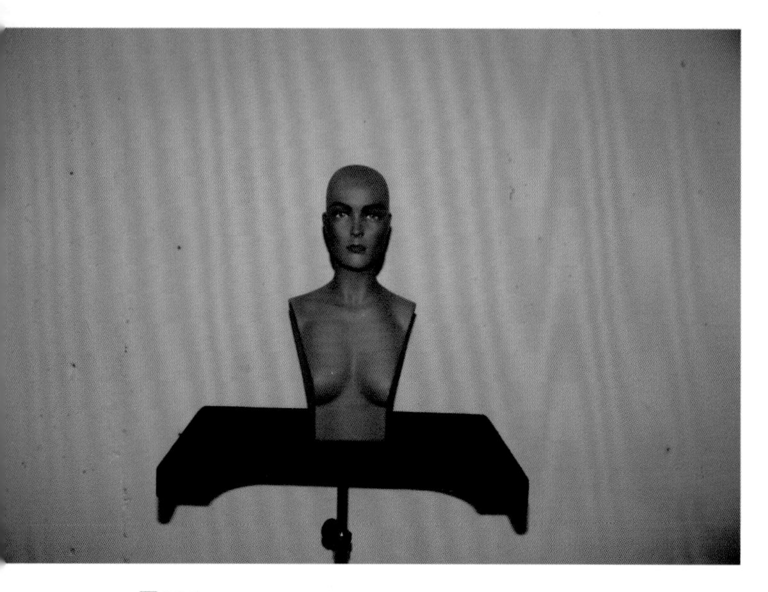

图11.1

图11.2

练习3：确保闪光灯处于TTL模式，FEC设为+3

目标：检查闪光灯是否处于TTL模式，FEC是否为+3。拍得的照片应比练习1要显得亮得多。

1. 打开闪光灯。
2. 浏览屏幕检查TTL模式是否开启。
3. 在闪光灯屏幕上找到FEC刻度并确保设定为+3。
4. 如果都没问题，练习就完成了。如果有，做出必要的调整以达到本练习的目标。
5. 与练习1一样，拍一张照片，然后关闭闪光灯（**图11.3**）。

图11.3

练习4：在TTL模式和手动模式间切换

目标：练习快速在TTL模式和手动模式间切换。

1. 打开闪光灯。
2. 浏览屏幕检查TTL模式是否开启。
3. 找到能够让你从TTL模式切换为手动模式的按键。
4. 把闪光灯切换为手动模式。
5. 切换回TTL模式。
6. 关闭闪光灯。

练习5：切换为手动模式，功率最大（1/1）

目标：把闪光灯切换为手动模式并把功率设为最大。拍得的照片会完全过曝，因为最大功率下的光在该场景里过亮。

1. 打开闪光灯。
2. 浏览屏幕检查TTL模式是否开启。
3. 找到能够让你从TTL模式切换为手动模式的按键。
4. 把闪光灯切换为手动模式。
5. 把功率调为最大值（1/1）。

6. 拍一张照片（**图11.4**）。

7. 关闭闪光灯。

练习6：手动模式，功率设为1/4，然后设为1/32，然后设为1/128

目标：练习快速在手动模式下调整功率以获得正确曝光。

1. 打开闪光灯。

2. 确保选定的是手动模式。

3. 把功率设为1/4。

4. 拍一张照片（**图11.5**）。

5. 把功率改为1/32。

6. 拍一张照片（**图11.6**）。

7. 把功率改为1/128。

8. 拍一张照片（**图11.7**）。

9. 关闭闪光灯。

图11.4

图11.5

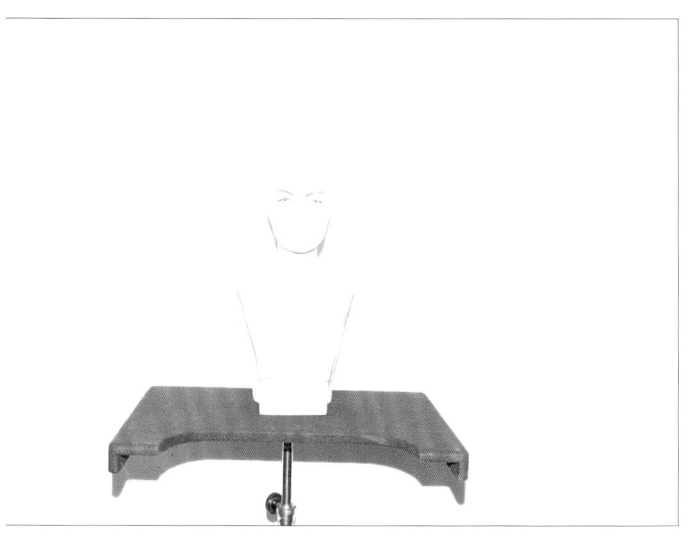

图11.6

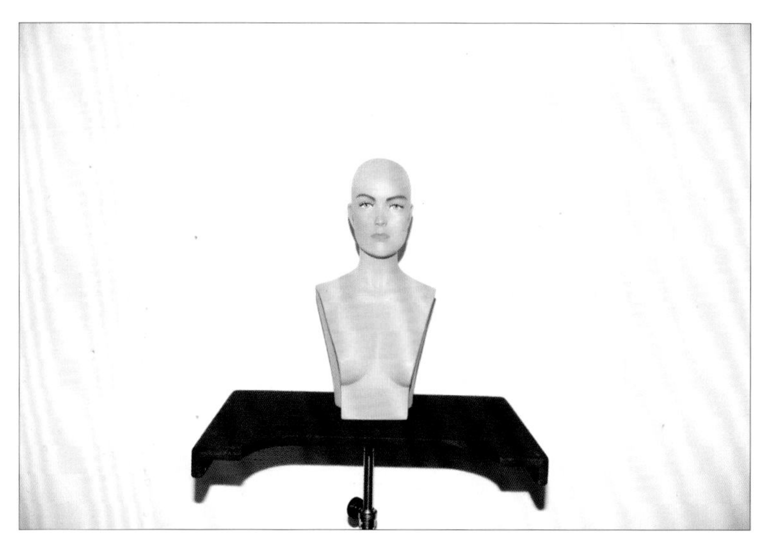

图11.7

练习7：把闪光灯设为后帘同步

目标：练习快速把闪光灯同步模式设为后帘同步。

1. 打开闪光灯。

2. 把闪光灯设为TTL模式，FEC为0。

3. 把相机设为手动模式，快门速度1s，光圈f/8，ISO 800。

4. 在闪光灯上找到同步按键并开启后帘同步。

5. 拍一张照片（**图11.8**）。你会注意到闪光灯发出了预闪，使TTL系统可以计算距离和闪光功率。接着，在曝光的最后时刻，你会看到闪光灯在快门关闭之前发出了闪光。这能帮助你在低速快门下定格拍摄对象的动作，比如当人们在跳舞时。

6. 关闭闪光灯。

图11.8

练习8：把闪光灯设回前帘同步

目标：练习快速把闪光灯同步模式从后帘同步改为前帘同步。

1.打开闪光灯。

2.把闪光灯设为TTL模式，FEC为0。

3.把相机设为手动模式，快门速度1s，光圈f/8，ISO 800。

4.在闪光灯上找到同步按键并关闭后帘同步。默认的情况下，关闭后帘同步会自动开启前帘同步。很有可能你在任何闪光灯屏幕上都看不到前帘同步的标志，因为前帘同步即是正常的、初始的闪光同步设定。

5.拍一张照片（**图11.9**）。在你按下快门的一瞬间，闪光灯的预闪和真正的闪光会同时发出。这发生得非常快，你只会看到一道闪光。在曝光结束时就不再有闪光了，因为闪光已经在曝光开始的时刻发出了。因此这个模式被称为“前帘同步”。

6.关闭闪光灯。

图11.9

练习9：打开高速同步

目标：练习快速把闪光灯同步模式从前帘同步改为高速同步（HSS）。尼康把这个模式称为“FP”。不管名称如何，这个功能都有着相同的目标：让闪光灯同步于超过相机最大闪光同步速度的快门速度。

1. 打开闪光灯。

2. 把闪光灯设为TTL模式，FEC为0。

3. 把相机设为手动模式，快门速度1/500，光圈f/8，ISO 800。

4. 在闪光灯上找到同步按键并开启高速同步。

5. 拍一张照片（**图11.10**）。开启高速同步会很大程度上降低闪光灯的功率。但如果你的拍摄对象距离很近的话，高速同步模式下的闪光灯仍能提供足够光照来适当地照亮它。在本练习中我的模特头部距离我的相机6英尺远。

6. 把快门速度改为1/2000，光圈改为f/5.6。

7. 拍一张照片（**图11.11**）。你会发现曝光看起来是一样的，尽管你减慢了快门速度同时把光圈设小了一挡。闪光灯会努力尝试去补偿你的相机设定。

8. 关闭闪光灯。

图11.10

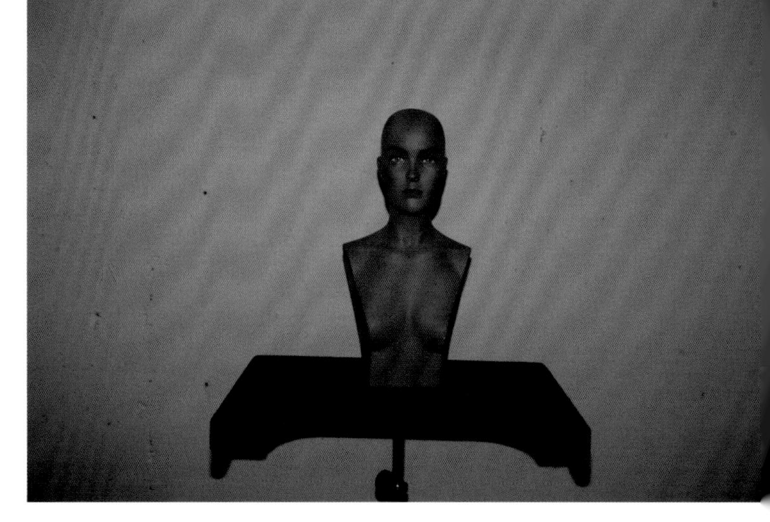

图11.11

图11.12

图11.13

练习10：闪光灯变焦

目标：练习快速调整闪光灯的焦距。

1. 打开闪光灯。

2. 把闪光灯设为手动模式（M），功率设为1/128。

3. 把相机设为手动模式，快门速度1/200，光圈f/4，ISO 200。

4. 在闪光灯上找到可以手动调整的闪光灯变焦按键。

5. 把焦距设为你的闪光灯能达到的最小值，如最广角的焦距。我的闪光灯最低可以达到20mm。

6. 拍一张照片（**图11.12**）。在这些练习里，我的镜头焦距保持在35mm。闪光灯的焦距设为20mm。因此你会看到光均匀分布在整个画面中。

7. 把焦距改为你的闪光灯能达到的最大值。我的闪光灯最高可达到200mm。

8. 拍一张照片（**图11.13**）。你会看到尽管你并没有改变闪光灯的功率设定，当闪光灯焦距设为最大值后，闪光在拍摄对象身上看起来要强上许多。之所以会如此是因为你创造了一条非常窄的光束，光变得更加集中。现在，画面的边缘看起来比中间要暗不少。这即是我在第10章中提到的暗角效果。在使用高速同步模式时，把闪光灯焦距设为最大值是一个能增加闪光强度的聪明的办法。

9. 把变焦模式从手动改为自动。

10. 关闭闪光灯。

图11.14

图11.15

练习11：结合不同的功能 #1

目标：练习快速结合不同的闪光灯功能。

1. 打开闪光灯。

2. 把相机设为手动模式，快门速度1/200，光圈f/4，ISO 400。

3. 把闪光灯设为TTL模式。

4. 把FEC设为+2。

5. 开启闪光灯的变焦功能并设焦距为50mm。

6. 拍一张照片（**图11.14**）。

7. 关闭闪光灯。

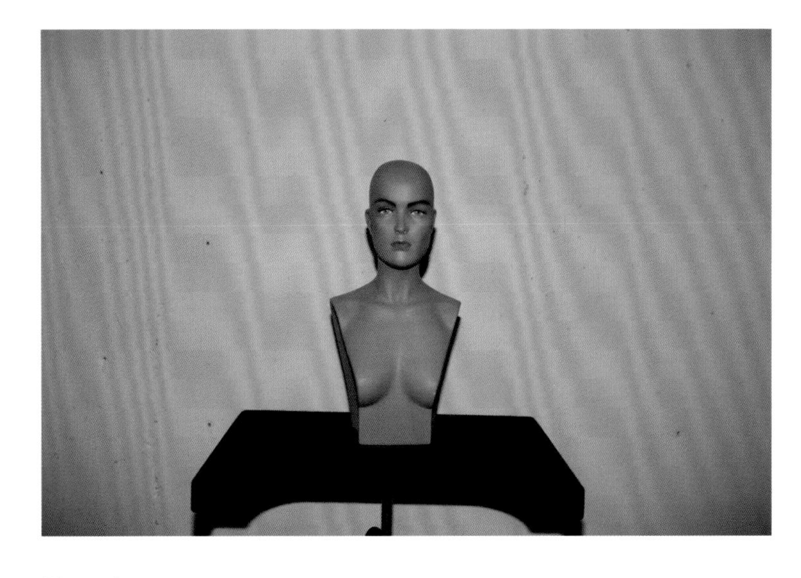

图11.16

练习12：结合不同的功能 #2

目标：练习快速结合不同的闪光灯功能。

1. 打开闪光灯。

2. 把相机设为手动模式，快门速度1/125，光圈f/8，ISO 100。

3. 把闪光灯设为手动模式，功率为1/64。

4. 确认闪光灯在自动变焦模式下。

5. 拍一张照片。考虑到你的拍摄对象的距离和我的类似——6英尺左右——拍摄对象应该看起来是欠曝的（**图11.15**）。

6. 为了修正欠曝的拍摄对象，快速开启闪光灯功率的手动调整并设定为1/16。

7. 拍一张照片。这会给你两挡的光照提升，使拍摄对象获得正确的曝光（**图11.16**）。

8. 关闭闪光灯。

练习13：结合不同的功能 #3

目标：练习快速结合不同的闪光灯功能。

1. 打开闪光灯。

2. 把相机设为手动模式，快门速度1/6，光圈f/4，ISO 400。

3. 把闪光灯设为TTL模式。

4. 把FEC设为-1。

5. 找到同步按键并开启后帘同步。

6. 开启闪光灯变焦功能并设焦距为105mm。

7. 拍一张照片（**图11.17**）。

8. 关闭闪光灯。

图11.17

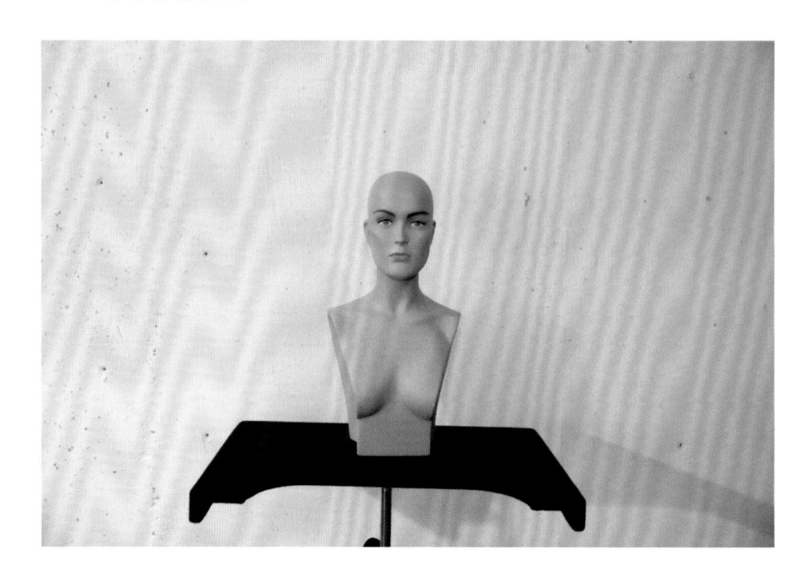

需要注意的是这张照片之所以会有一种很强的黄色光染的原因是，在较慢的快门速度下，氛围光会更多地影响曝光。我是在三盏黄色钨丝灯下拍摄这些练习的，这

便是为何照片里有会很强的黄色光染。快门速度越慢，氛围光对曝光的影响就越大。快门速度越快，氛围光的影响就越不明显。

无线遥控闪光灯的速度训练

正如之前提到的，我不可能知晓我所有读者手里拥有的是什么器材。市面上已经出现了数不清的来自第三方的通用闪光灯器材，很难知道每个人手里是什么样的闪光灯，也不知道这些通用的产品的性能如何。有些时候它们很好用，有些时候它们会烧掉或者直接就坏了。我确实知道的一点是，产自佳能、尼康、索尼或大多数第三方厂家的高级闪光灯应该能够改变频道和灯组设定，通过分别控制每个闪光灯的功率来创造不同的闪光比。

下面这些练习关注的是无线遥控闪光灯的使用技巧。我不可能确切地告诉你要按下哪个按键才能在你的器材上找到和调整不同的功能设定。你只能参照你的用户手册。你只需要记住所有我让你找到的都是基本的无线遥控闪光灯的设定。它们应该很容易找到，和你用的是什么器材无关。

这是练习14—16的场景设定

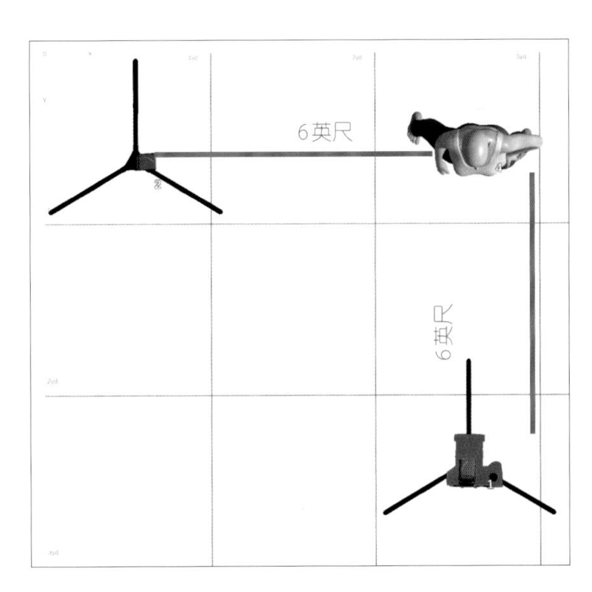

这是练习17—18的场景设定

下面这些练习的场景设定是有着微弱窗光的室内。你的起居室可能就是个完美符合的地点。相机位于模特前6英尺的位置。练习14—16中的无线遥控闪光灯位于相机右侧6英尺的地方。而在练习17—18中，无线遥控闪光灯位于相机左侧6英尺的地方。所有的练习里遥控闪光灯都是通过光学引闪器触发的（视线引闪）。光学引闪和无线引闪的工作原理是一样的。唯一真正的区别是对于无线引闪而言，闪光灯无需处于各自的视线之内，因为它们由无线电信号触发。无线引闪的闪光灯可以被藏在墙、人、汽车等的后面，主控闪光灯发出的信号不受影响。

我在这些练习里使用光学引闪的原因是所有现代的专业闪光灯都内置了光学引闪器。对于无线引闪而言，你需要其他额外的器材，比如说Pocket Wizard，或者使用已经内置了无线引闪器的闪光灯。然而，不管你用的是光学引闪还是无线引闪，这些练习里的按键和功能依然保持不变。

练习14：把一台闪光灯设为主控，另一台设为从属

目标：练习快速设置基本的无线遥控闪光灯组。

需要的器材：两部在遥控模式下互相兼容的闪光灯。为了便于操作，最好使用两部相同品牌和型号的闪光灯。确保你的闪光灯设为自动变焦。一些相机允许内置的弹出式闪光灯充当主控/指挥闪光灯。然而，根据我的经验最好还是用一部真正的闪光灯作为主控灯来提高操控性和可靠性。

1. 把一台闪光灯安在相机的热靴上，另一台安在距离模特侧面6英尺的三脚架上。
2. 把相机设为手动模式，参数设定如下：ISO 400，光圈f/4，快门速度1/125。
3. 把两部闪光灯都打开。
4. 确保两部闪光灯都是TTL模式，FEC为0。
5. 把相机上的闪光灯设为主控灯。
6. 把你手中的闪光灯设为从属灯。
7. 在闪光灯液晶屏上找到频道，确保主控灯和从属灯都在频道1内。这样它们才能互相交流。
8. 找到设置灯组的按键或功能，确保从属灯被分配到了A组。
9. 主控灯和从属灯现在应该同步了。
10. 拍一张照片。两部灯都发出了闪光进行曝光（**图11.18**）。
11. 关闭闪光灯。

图11.18

练习15：把从属闪光灯分配到不同的灯组

目标：练习快速改变从属闪光灯的灯组。

需要的器材：两部在遥控模式下互相兼容的闪光灯。为了便于操作，最好使用两部相同品牌和型号的闪光灯。确保你的闪光灯设为自动变焦。

1. 重复练习14中的前6步。

2. 在从属闪光灯上找到设置灯组的按键或功能，把从属灯组从A组改为B组。在你有多个灯组时，比如本例（主控灯在A组，从属灯在B组），你可以单独控制各组的功率。例如，通过在菜单里改变闪光比设定，A组的闪光灯就能比B组的功率更大（反之亦然）。

注意：默认的情况下，你相机上的主控灯总是在A组。因此在这个设定里，你的主控灯总是在A组，但你的从属灯改到了B组。

3. 拍一张照片（**图11.19**）。

4. 关闭闪光灯。

图11.19

练习16：改变频道和灯组设定

目标：练习快速改变主控灯和从属灯的频道，以及从属灯的灯组。

需要的器材：两部在遥控模式下互相兼容的闪光灯。为了便于操作，最好使用两部相同品牌和型号的闪光灯。确保你的闪光灯设为自动变焦。

1. 重复练习14中的前6步。

2. 在主控灯上找到设置频道的按键或功能，把频道从1改为2。从属灯暂时保留在频道1内。

3. 拍一张照片（**图11.20**）。

4. 你会注意到从属灯没有闪光。这是因为你把主控灯的频道改成了2，但从属灯的频道并没有变化。这是一个人们不知道为何他们的从属灯不闪光的常见原因。为了让主控灯能够与从属灯沟通，所有的闪光灯都应该设为同一个频道。在拍摄之前养成检查整个液晶屏的习惯使你能够扫一眼所有的设定，确保它们都设好了。

5. 把从属灯的频道改为2，与主控灯相同。

6. 拍一张照片（**图11.21**）。

7. 现在主控灯和从属灯都在频道2内了。因此，从属灯就能够与主控灯沟通，进行闪光了。

8. 关闭闪光灯。

图11.20

图11.21

练习17：把从属灯改为手动模式并阻止主控灯闪光

目标：练习快速把从属灯改为手动模式，同时关闭主控灯的闪光功能以阻止它参与曝光。在这个情形下，主控灯仅充当了引闪器的角色而不是闪光灯。

需要的器材：两部在遥控模式下互相兼容的闪光灯。为了便于操作，最好使用两部相同品牌和型号的闪光灯。确保你的闪光灯设为自动变焦。

1. 重复练习14中的前6步。

2. 把主控灯和从属灯改回频道1。

3. 在你的从属灯上找到设置灯组的按键或功能，确保它被分配到了A组。

4. 使用主控灯或相机的闪光灯控制菜单，把从属灯的模式从TTL改为手动，并选择1/32的功率。

5. 使用主控灯或相机的闪光灯控制菜单，找到并选中不让主控灯闪光的选项。如果你不知道这个选项在哪儿，用你的闪光灯用户手册来定位它（或者是你的相机用户手册，如果你选择用相机的闪光灯控制菜单的话）。现在主控灯就只会像一个引闪器一样工作了；A组的从属灯成为了参与曝光的唯一一部闪光灯。

6. 拍一张照片（**图11.22**）。

7. 注意光只来自相机左侧的方向。主控灯完全不参与曝光。在你的照片只需要方向性的光照时，这个技巧会非常管用。

8. 开启主控灯的闪光功能。现在两部闪光灯都会参与曝光。

9. 拍一张照片。

10. 关闭闪光灯。

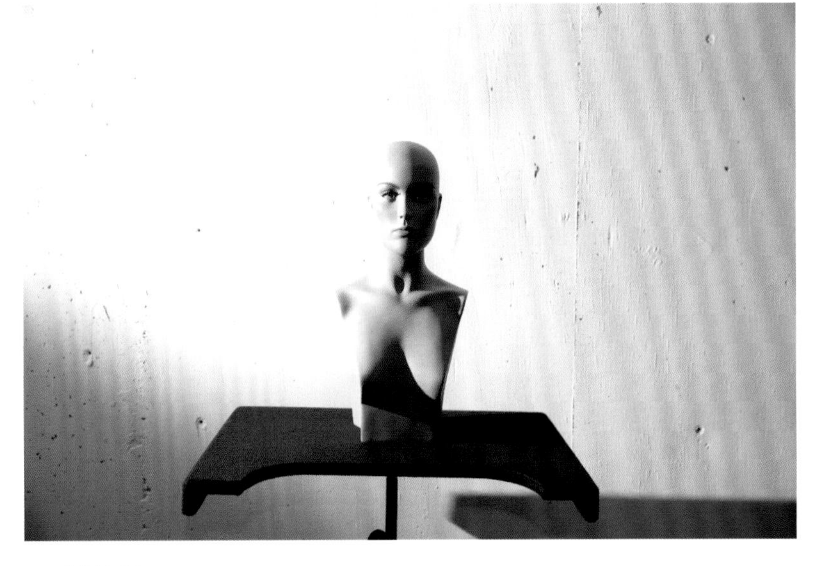

图11.22

练习18：开启无线遥控闪光灯的高速同步

目标：练习快速开启无限遥控闪光灯的高速同步。

需要的器材：两部在遥控模式下互相兼容的闪光灯。为了便于操作，最好使用两部相同品牌和型号的闪光灯。确保你的闪光灯设为自动变焦。

1. 把相机设为手动模式，参数设定如下：ISO 400，光圈f/4，快门速度1/2000。

2. 确保主控灯和从属灯都在频道1内。

3. 在你的从属灯上找到设置灯组的按键或功能，确保它被分配到了A组。

4. 把闪光灯设为手动模式，选择最大功率（1/1）。

5. 使用主控灯或相机的闪光灯控制菜单，找到并选中不让主控灯闪光的选项。

6. 使用主控灯或相机的闪光灯控制菜单，找到并开启高速同步。

7. 拍一张照片（**图11.23**）。

8. 你的从属灯会在高速同步模式下闪光，使得你可以在1/2000的快门速度下使用闪光灯，远快于相机的最快同步速度限值1/200或1/250。这可能是我在工作中最常使用的遥控闪光灯技巧之一了。

9. 关闭闪光灯。

图11.23

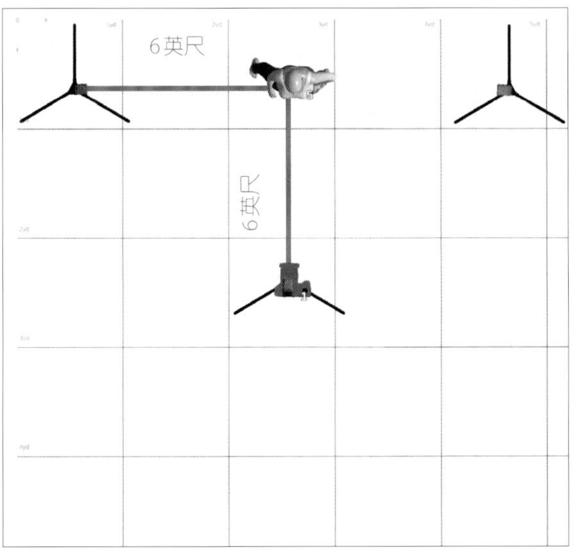

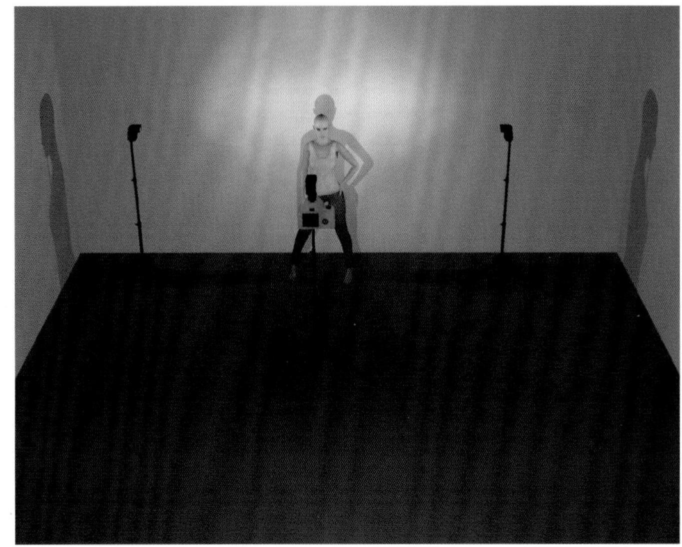

这是练习19～21的场景设定

练习19：使用两部从属闪光灯

目标：练习熟练使用两部从属闪光灯。

需要的器材：三部在遥控模式下互相兼容的闪光灯。其中一部作为主控灯；另外两部作为从属灯。为了便于操作，最好全部三部都是相同的品牌和型号。确保你的闪光灯设为自动变焦。

设定：装有主控闪光灯的相机位于模特前6英尺的位置。两部从属闪光灯也距离模特6英尺：一部在相机左侧，一部在相机右侧。

1. 把相机设为手动模式，参数设定如下：ISO 100，光圈f/4，快门速度1/125。

2. 确保主控灯和两部从属灯都在频道1内。

3. 在你的从属灯上找到设置灯组的按键或功能，确保它们都被分配到了A组。

4. 确保关闭了高速同步回到闪光灯的初始设定：前帘同步。

5. 把闪光灯设为手动模式，选择功率为1/64。

6. 使用主控灯或相机的闪光灯控制菜单，找到并选中不让主控灯闪光的选项。

7. 拍一张照片（**图11.24**）。你会看到两部从属灯均发出了闪光，照亮了模特的左右两侧。

8. 现在，开启主控灯的闪光让其参与曝光。

9. 拍一张照片（**图11.25**）。注意主控灯也发出闪光参与了曝光，照亮了模特的正前方。

10. 关闭闪光灯。

图11.24

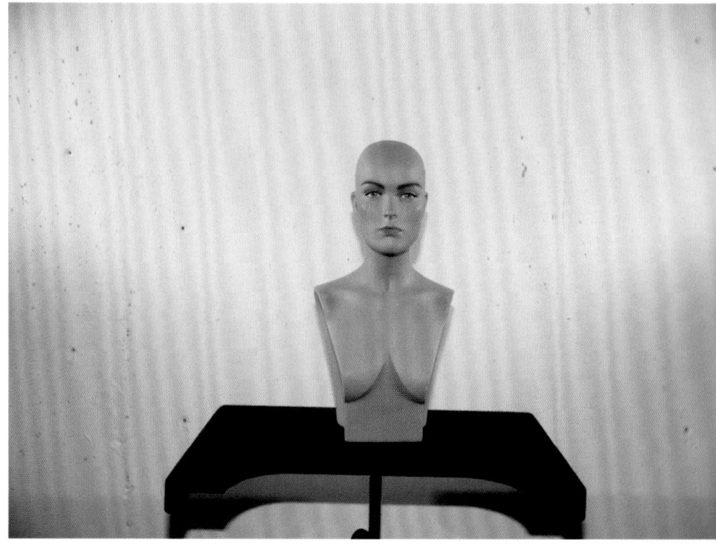

图11.25

练习20：把两部从属闪光灯分配到不同的灯组以便单独控制

目标：练习快速更改两部从属闪光灯的灯组以便单独控制。

需要的器材：三部在遥控模式下互相兼容的闪光灯。其中一部作为主控灯；另外两部作为从属灯。为了便于操作，最好三部都是相同的品牌和型号。确保你的闪光灯设为自动变焦。

设定：装有主控闪光灯的相机位于模特前6英尺的位置。两部从属闪光灯也距离模特6英尺：一部在相机左侧，一部在相机右侧。

1. 把相机设为手动模式，参数设定如下：ISO 100，光圈f/4，快门速度1/125。

2. 确保主控灯和两部从属灯都在频道1内。

3. 把相机左侧的从属灯分配到A组，把相机右侧的从属灯分配到B组。

4. 使用主控灯或相机的闪光灯控制菜单，把模式设为TTL。

5. 使用主控灯或相机的闪光灯控制菜单，找到并选中不让主控灯闪光的选项。

6. 找到并开启A:B闪光比功能，选择8:1，这应该是可选范围的最左极值。这意味着你想让大部分的光都来自左侧的闪光灯，因此左侧的数字是8而右侧是1。（这个比例设定实际上让左侧的闪光灯比右侧的闪光灯亮上8倍，因此是8:1的比例）你可能需要借助你的用户手册来找到A:B闪光比功能，因为不同品牌的闪光灯把这个功能放在了不同的地方。

7. 拍一张照片。你可以清楚的看到8:1的闪光比使得大部分的光来自左侧（**图11.26**）。

8. 把A:B闪光比改为中间值，这应该是标为1:1的位置。这意味着左右两侧的闪光灯会有等量的光，因此数字是相同的。

9. 拍一张照片。现在你可以看到两侧的光是等量的（**图11.27**）。

10. 把A:B闪光比改为可选范围的最右极值，这应该是1:8。这意味着你想让右侧的闪光灯比左侧的闪光灯有更大的功率。这也意味着你想让大部分的光都来自右侧的闪光灯，因此左侧的数字是1而右侧是8。

11. 拍一张照片。你可以清楚的看到1:8的闪

图11.26

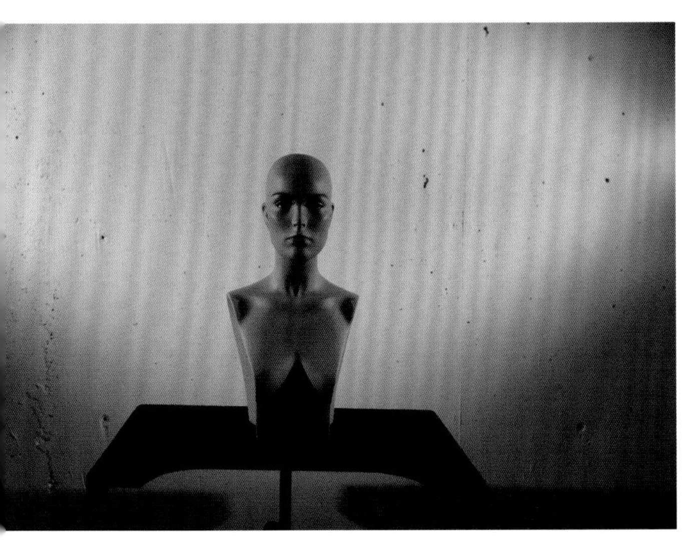

图11.27

图11.28

光比使得大部分的光来自右侧（**图11.28**）。

12. 关闭闪光灯。

练习21：混合模式：把A组的从属闪光灯设为TTL模式而把B组的从属闪光灯设为手动模式

目标：练习熟练混用TTL和手动模式。

需要的器材：三部在遥控模式下互相兼容的闪光灯。其中一部作为主控灯；另外两部作为从属灯。为了便于操作，最好三部都是相同的品牌和型号，以确保你的闪光灯设为自动变焦。

设定：装有主控闪光灯的相机位于模特前6英尺的位置。两部从属闪光灯也距离模特6英尺：一部在相机左侧，一部在相机右侧。

1. 把相机设为手动模式，参数设定如下：ISO 100，光圈f/4，快门速度1/125。

2. 确保主控灯和两部从属灯都在频道1内。

3. 把相机左侧的从属灯分配到A组，把相机右侧的从属灯分配到B组。

4. 使用主控灯或相机的闪光灯控制菜单，把模式设为TTL并确保FEC为0。

5. 使用主控灯或相机的闪光灯控制菜单，找到并选中不让主控灯闪光的选项。

6. 强制右侧的从属灯（B组）进入手动模式。在我现在用的佳能闪光灯上，这个操作需要按住模式选择按键3秒。当设置完成后，我的闪光灯屏幕上就会显示“单独从属”。可能在尼康、索尼或第三方闪光灯上设置方法是类似的。当然，你要参考你的用户手册来找到你的闪光灯的设置方法。但如果你拥有现代的专业闪光灯，它们应该都能混合不同的模式。你只需弄明白如何设置，或者寻求别人的帮助。

7. 在B组的从属灯进入了手动模式后，更改它的功率为1/4。

8. 拍一张照片。现在A组的从属灯是TTL模式而B组的从属灯是手动模式，功率为1/4。从照片中可以看到，1/4相对于这个特定场景来说太亮了（**图11.29**）。

9. 使用主控灯或相机的闪光灯控制菜单，把FEC改为+2。因为A组的从属灯是唯一处于TTL模式的闪光灯，所以只有它受这个改动的影响。

10. 使用B组从属灯的菜单，手动把功率降为1/64。

11. 拍一张照片。现在你可以看到被A组TTL模式、FEC为+2的从属灯照亮的模特左侧，比被B组手动模式、功率为1/64的从属灯照亮的模特右侧要亮得多（**图11.30**）。这是一种高级技巧，它值得你去花时间学习掌握，这样你就能完全掌控遥控闪光灯了。

12. 关闭闪光灯。

图11.29

图11.30

练习22：使用三部从属闪光灯，分配它们到不同的灯组（A、B和C）

目标：练习熟练使用三部分配到不同灯组的从属闪光灯。

需要的器材：四部在遥控模式下互相兼容的闪光灯。其中一部作为主控灯；另外三部作为从属灯（A组、B组和C组）。为了便于操作，最好四部都是相同的品牌和型号，以确保你的闪光灯设为自动变焦。

设定：装有主控闪光灯的相机位于模特前6英尺的位置。两部从属闪光灯也距离模特6英尺：一部在相机左侧（A组），一部在相机右侧（B组）。第三部从属闪光灯位于模特的后方（C组）。这部闪光灯装有蓝色色片，以便我们观察到它在照片中产生的效果。

1. 把相机设为手动模式，参数设定如下：ISO 100，光圈f/4，快门速度1/125。

2. 确保主控灯和两部从属灯都在频道1内。

3. 把相机左侧的从属灯分配到A组，把相机右侧的从属灯分配到B组，把置于模特后方地上的从属灯分配到C组。

4. 使用主控灯或相机的闪光灯控制菜单，把模式设为TTL并确保FEC为0。

5. 确保所有闪光灯都设为了TTL模式。

6. 使用主控灯或相机的闪光灯控制菜单，找到并选中不让主控灯闪光的选项。

7. 使用主控灯或相机的闪光灯控制菜单，找到闪光比功能并开启A:B从属灯闪光比。你会看到“A:B”显示在了屏幕上。小心的滚动菜单选项直到你看到“A:B C”显示在了屏幕上。“A:B”与“C”之间的空格表明C组的从属灯独立于A:B闪光比。

8. 只要“A:B C”显示在了屏幕上，就开启C组并调整TTL的FEC到-2。把“A:B”设为1:1，这样A组和B组的从属灯就会产生等量的闪光。

9. 拍一张照片。在这个例子里，照片显得有一点欠曝（**图11.31**）。

10. 为了获得正确曝光，关闭闪光比功能（可以通过持续按下闪光比按键直到你成功关闭闪光比设置）。

11. 使用TTL模式的FEC范围刻度把FEC调整为+2。因为关闭了闪光比功能，这个改动就是个全局改动，会同时影响到所有的从属灯。在主控灯上进行改动是个很好的快速调整所有闪光灯的方法。

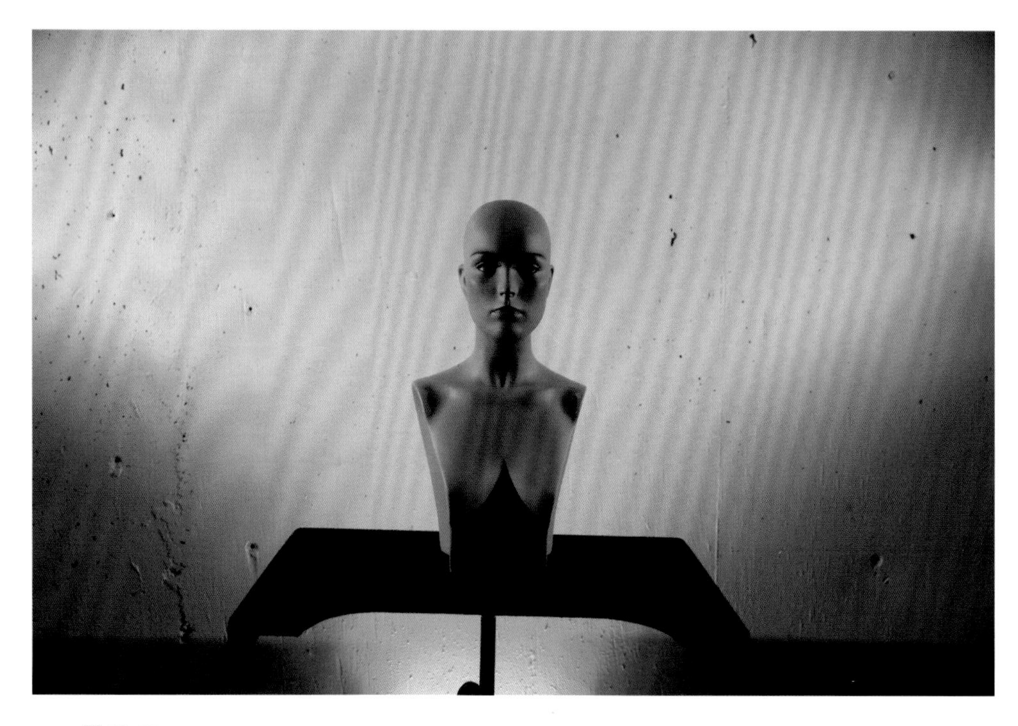

图11.31

12. 拍一张照片。现在整体的曝光就亮多了。所有三组闪光灯（A、B和C）都有+2的FEC（**图11.32**）。

13. 关闭闪光灯。

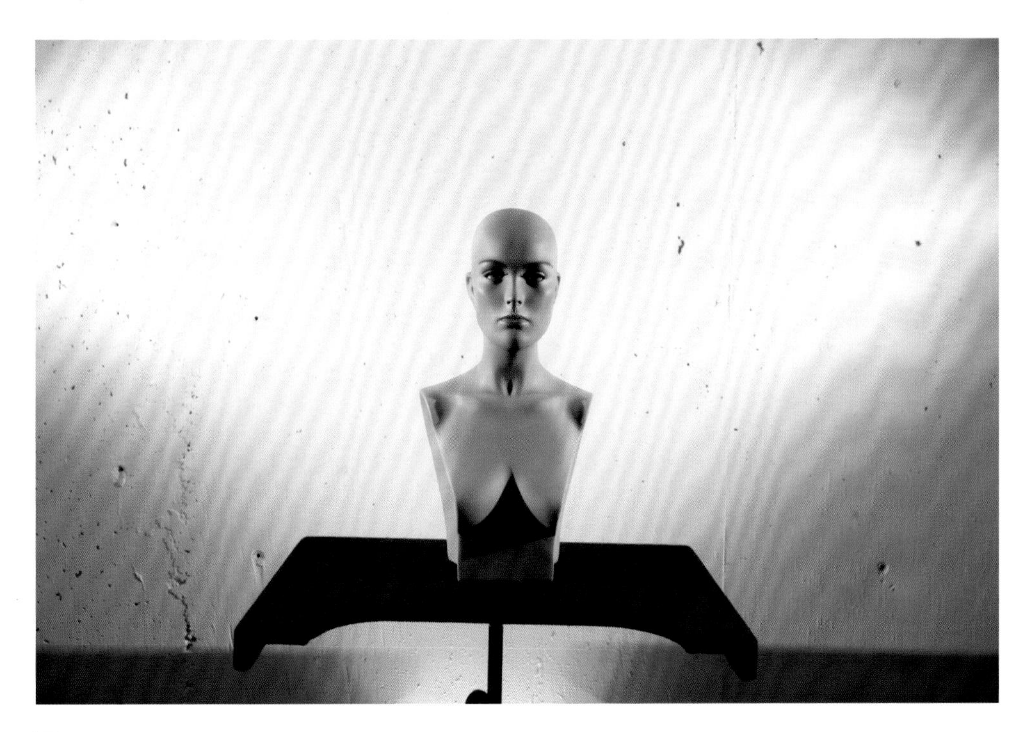

图11.32

祝贺你！你完成了思维训练的第一步，踏上了成为熟练掌握无线遥控闪光灯操作的“老司机”之路。我之所以说它是“第一步”，因为我希望你能受到激励和鼓舞，开发出一套更适合你的拍摄风格的练习，进一步提高你的水平。

大多数人都不会再做一遍练习了，但如果你是那种内心有渴望的人——渴望成为摄影大师——那么我知道你就属于肯花时间去训练自己上述的技能和更多能力的那一小部分摄影师。在客户离开后的独处时间花上30分钟练习我的技能，已经成为我每周计划的一部分。我希望你也同样能把练习变为你的日常。

第12章

辅助光：用闪光灯增强现有的光照

在第10章中，你学习了一些须知的核心闪光灯功能和名词。在第11章中，我开发了一系列练习来帮助你熟悉闪光灯上的功能和按键，以使你能快速熟练地操作它们。在本章中，我们会探索闪光灯是如何通过在自然光不足时对其补充，来为我们展现出一个充满机遇的新世界。

首先我必须说明我喜爱自然光。自然光有着一种柔和感与可预见性，使其便于利用。我最喜欢的自然光拍摄组合之一便是广角镜头加上f/1.2到f/2的大光圈；它们的效果非常惊艳！但当你把自然光与一点闪光相结合时，奇妙的事就会发生，乐趣也会变多。谁愿意一辈子只拍自然光人像摄影？这就好比一辈子每餐甜点只吃苹果派，不带变的。尽管我爱吃苹果派，有时候我还是更想尝尝核桃派或冰激凌。摄影应该是令人享受和愉悦的，无妨让它变得更有趣一些。

现在，大多数摄影师似乎都属于两个分歧明显的阵营之一：自然光阵营和影室灯/闪光灯阵营。我并不认为应该分两个阵营。只需有一个阵营，它的成员的信条是："我是个不找借口的摄影师，我会使用任何必要的光源来为我的构思增光添彩，我会让我的客户满意而尽力拍好照片，我会在任何条件下拍摄——不论是白天，夜晚，阴雨还是晴天。"这是我所在的阵营，我希望它能发展壮大。

本章的目的是激励你去使用闪光灯，探索闪光灯在补充自然光时的价值。我知道闪光灯能如何提升我的作品，我希望你和你的作品也能因此受益。接下来，我们会探索如何使用闪光灯来使你的照片更加接近第7章中介绍过的光的基准。通过用闪光灯来加强自然光，光的质量和量级就能得到提升，你就可以保持低ISO。比方说，假如你发现拍摄地点的光照条件比光的基准低两挡，使用闪光灯就能为其增加一挡，使光照进入能通过光的基准测试的可接受的范围。这样做的话，大部分的光照仍然来自自然光。

尽管现代的相机有很强的低光拍摄能力，在大多数人像摄影的情景里，光照充足还是要比光照不足要好得多。你应该增加场景中的光照而不是增加ISO值去适应低光条件。我知道这是个处理和思考光的思维模式的转换，但它能迫使你成为更好的摄影师。

使用闪光灯的好处

闪光灯是个体积小巧的强大光源。当光源的相对体积小于拍摄对象时，光就变得强而刺眼。但是如果闪光灯与大型控光工具相结合，比如简单的可折叠柔光屏或柔光箱，那么闪光灯相比拍摄对象来说就变成了一个大型的光源。大多数情况下，大型光源能产生柔和动人的光照。只要你完全掌握了第3章中的概念，"光的五大特性"，你就能更容易地对是否需要、何时需要、如何修改闪光灯做出选择。

在移动中拍摄

在移动中拍摄婚礼、订婚仪式或者人像时，我只用Profoto的可折叠柔光屏来搭配我的闪光灯。在我不用的时候它可以折叠起来，在用的时候只需5秒钟就能展开它使光源变大。没有必要用柔光箱接口和连接杆去搭一个柔光箱或其他需要时间和精力的复杂设置。如果你要在不同地点快速移动，一个可折叠的柔光屏就能给你更好的效果。这是我现场拍摄的口头禅："保持简单！"当然，如果你在一个大型拍摄现场，需要更详尽的计划也有更宽裕的时间，那么你就可以事先设好大型柔光箱了。在有时间搭建用光设备、拍摄地点也更为固定时，我会同时使用Profoto和Chimera的柔光箱。

很多人像摄影师从来不去考虑学习闪光灯技能，因此他们在职业生涯内只会使用自然光，在室内拍摄时只会站在窗户边上。因此，闪光灯是个很好的工具，能让你从一堆"只用自然光"的摄影师中间脱颖而出。尽管我也是自然光的爱好者，有时候我的视觉构思需要额外的光源，而自然光不够的，就需要加强。当在室内拍摄时，自然光摄影师常常被迫在窗户旁拍摄。尽管窗光非常讨喜，我更愿意有创作的自由，无论何时何地都能创作出光照良好的照片。余生都被一扇窗户拴住，这对我来说可没什么意思。

闪光灯给美丽的自然光增加的最重要的属性之一是它能在水平方向打光。太阳永远在我们头顶，所以阳光是自上而下的。这是一个常见的问题，导致拍摄对象脸上产生难看的阴影，眼睛更是暗淡无光。通过闪光灯，你可以把光直接水平打向眼睛里，为拍摄对象的眼睛去除黑暗、增添生机。

闪光灯也能用来给你的拍摄对象和背景之间创造出分离感。此外，闪光灯可以给人像增加特别需要的立体感，因为你能给面部两侧选择光照等级。最后，闪光灯可以充当氛围光以突出人像中的特定部位。与每个小时都会改变颜色和光强的太阳不同，闪光灯永远是可靠的，基于你的设定，强弱程度如你所愿。阳光是最好的光源，但精心搭配闪光的话，你的摄影就会有无限的可能。最后我想说的是，因为现代的专业闪光灯内置的高科技，有了很多创造性的技巧供你使用，而这对于自然光来说是不可能的。

图12.1 相机参数：ISO 800，f/3.5，1/455

一些闪光灯为照片增光添彩的例子

在婚礼摄影中使用闪光灯

图12.1：这张照片对我来说有特别的意义，因为闪光灯拯救了我！新郎和新娘在佛罗里达州Sarasota市美丽的Ringley博物馆里举办他们的婚礼，他们把我从洛杉矶请来做婚礼拍摄。不幸的是，在婚礼当天，这个地方来了飓风。那是我亲眼见过的最猛烈的风暴之一。整日暴雨倾盆，仅有极少的停歇。新娘试图保持起精神，但

还是被这变故弄得灰心丧气，这可以理解。我下定决心要拍一张惊艳的雨中照片让她改变心情，让她甚至几乎要感谢雨的到来。我想为他们创作一张艺术品来弥补天气的遗憾！

我让劳斯莱斯的司机把车从停车场开到大树前。我让我一起拍摄婚礼的好友Collin Pierson站在新郎新娘身后10英尺的地方。在拍摄中我用了两部遥控闪光灯。一部朝向汽车的大灯方向，创造出看似是汽车大灯提供了光照的效果。第二部闪光灯放在了这对新人的正后方，打出柔和的光晕把他们与黑暗的背景分离开来。一切准备妥当后，我请求这对新人不要介意淋湿几秒钟的时间。他们有些犹豫，但还是接受了，我心里想："一定要拍好啊！"我仅有一次机会，没有更多了！幸亏了我的闪光灯，我能够为我的客户创作出如此神奇的照片。当他们第一次在我的相机屏幕上看到这张照片的时候，这对新人完全不相信他们的眼睛。这是我整个职业生涯里最美好的时刻之一！没有对闪光灯创造性的使用，这张照片根本不可能拍出来。

在私房摄影中使用闪光灯

图12.2：这是我的朋友Rachael的照片。尽管照片左侧有扇很大的窗户，我还是尽量让窗光欠曝而用闪光灯来突出我在画面中想要的效果。她的后背美极了，我不想让窗光来决定展现的是何处。毕竟，我才是创作者，不是窗户。为了突出她优雅的后背，我在相机左侧靠近她后背的位置摆放了一部经过调整的闪光灯，又用了一个24寸的八角柔光箱来柔化闪光灯，放在了离她后背很近的位置以创造出美丽的阴影。这张照片是个极好的例子，展示了如何通过闪光灯来帮助摄影师摆脱用滥了的"窗光效果"。我的视觉构思需要光打在她的背上而不是脸上。闪光灯能为我提供别具一格的方法，让照片看起来与其他人讨喜的窗光照片不同。拥有选择永远是好事。

在室内情景人像摄影中使用闪光灯

图12.3：这张Kaitlin的人像照摄于我在多伦多的一堂造型课程上，她是课上的模特。Kaitlin身上90%的光照来自闪光灯。我喜欢酒吧的氛围，想留住这个感觉。只要正确运用闪光灯，你也能创造出一种柔和的氛围感。我在佳能闪光灯上加了一个橙色滤镜（CTO=Color Temperature Orange）使得它的光与酒吧的暖色调相符，同时在闪光灯上罩了一个便宜的42寸柔光屏。这便是全部了。

闪光灯设为了手动模式，因为我更愿意自己控制。我逐级调低了闪光灯的功率直到它与头顶的钨丝灯有着差不多的柔和度。现在你可以看到她的眼中有了微妙的

图 12.2　相机参数：ISO 200，f/10，1/500

图12.3 相机参数：ISO 200，f/2.8，1/30

反光，而这个效果是头顶的钨丝灯无法带来的。她整个眼窝被柔光照亮而没有了阴影。这都要归功于闪光灯的巧妙使用，这个场景就像是你从窗外往里看似的。尽管Kaitlin身上几乎所有的光照都来自闪光灯，氛围感却依旧非常真实（我会在下一章里继续讨论这张照片）。

这三张照片（**图12.1—图12.3**）仅仅是展示闪光灯难以置信的多面能力的众多例子里的一小部分。学习使用闪光灯能给予你极大的帮助，创作出只用氛围光或自然光根本无法实现的照片。一旦你掌握了闪光灯的用法，你就能以全新的方式观察拍摄地点。你不再需要依赖窗户作为你唯一的选择，从而盼着能有个晴朗的好天气。你能自由地选择拍摄的地点和想要的感觉，不论在白天还是夜晚。最棒的是，如果处理得当，照片会看起来完全自然。

把闪光灯作为辅助光来加强微弱的自然光

室外拍摄，常常受到太阳的位置的影响，摄影师们必须处理好各种光的强度和角度。阴天时拍摄地点会散布着均匀的漫射光。你可能觉得这没问题，但这真的很不好看。来自云层的漫射光会造成眼窝发黑，因为从墙面反射的阳光光强不够，拍摄对象的眼睛里也会没有反光。这意味着你需要花上很多时间坐在电脑前编辑照片，试图给拍摄对象的眼睛增添生机。

然而，以上这些只要在拍摄时使用闪光灯就能轻易避免。让我们看一个例子。

图12.4：我在一个自认为光照不错的地方开始用我的光的基准进行测试。经过测试发现，光照低于基准两挡还多。这实在是太暗了，正如你从照片所见。尽管Laura面前有一面阳光照亮的墙，它的光不足以反射到她的眼睛里，使得眼睛有些发黑。此外，因为Laura完全处于阴影中，光的颜色偏冷且不好看。现在，你有两个选择。你可以提高ISO值来妥协光照的缺乏，也可以为了最佳的画质来增加光照保持低ISO。

图12.4 相机参数：ISO 100，f/4，1/250

图12.5

图12.5：这张照片展示了拍摄Laura人像的幕后过程。在拍下这张照片时，阳光以特定角度和强度照亮着Laura面前的墙，反射的光不足以提供符合我的基准设定的照明。我选择这个地点是基于它带有的环境光元素；仔细观察你就会注意到这个地点的潜力。然而，我不想用我的闪光灯去照亮拍摄对象；我喜欢墙面因其巨大的面积而产生的柔和光线。因此，我决定把闪光灯朝向墙面来加强它的反射光。

我用了一个叫Triple Threat的器材来把三部闪光灯组合在一起（很多品牌，比如说Westcott，都有这类器材）。我把三部闪光灯组合在一起的原因仅是一种预防措施，以防我需要使用高速同步。在这个例子里，我没有用。我用的是我相机快门的最大同步速度1/200。记住，高速同步（在尼康里叫焦面同步，FP=focal plane）会极大的削弱闪光灯的功率。因此，就需要更多的闪光灯来弥补功率的不足。

Kenzie举着的闪光灯相对于墙面的角度是特意选好的。在第3章中我们知道入射角等于反射角。这很重要；如果你选错了入射角，反射角就会错过Laura。这样使用闪光灯就失去意义了。

图12.6：现在你可以看到用闪光灯增强Laura面前墙面的反射光强的效果了。因为闪光灯朝向墙面，照亮Laura的光源就依旧是墙而不是闪光灯。这从Laura左侧（相机右侧）柔和的阴影边缘就能明显看出。墙面非常之大，足以带来柔和而动人的光。这个例子的核心就是把闪光灯作为创造更大的光源的工具，而不是作为一个光源。在这个例子里，光源是拍摄对象面前的墙，这即是为何这张人像看起来像是被美丽的自然光照亮的。闪光灯提供的两个最大的好处，便是惊艳的眼部照明与眼睛反光，

图12.6 相机参数：ISO 100，f/4，1/200

以及把ISO保持在100带来的最佳画质。一箭双雕！

图12.7：在这张照片里，我让Kenzie加入，给画面带来一点时尚的味道。我同时把光圈从f/4改为f/2.8，使更多的闪光能够参与曝光并提高眼睛反光的质量。这个举动是值得的。Laura和Kenzie眼睛的反光看起来异常美丽，眼睛充满了活力。这是个闪光灯与自然光无缝协作带来佳作的极好的例子。

图12.8：在我在纽约教授的一堂课中，我们在傍晚时分典型的纽约小街里拍摄。我们周围的建筑物遮挡了仅有的阳光。微弱的自然光无法展现模特Veronica的美貌，她的眼睛一片黑暗。这时就要靠闪光灯拯救我们了。

图12.7 相机参数：ISO 100，f/2.8，1/250

图12.8 相机参数：ISO 400，f/2，1/750

图12.9：在这张照片里，我首先降低了快门速度半挡以获取更多的氛围光。我的目标是给予她的眼睛美丽的暖色光，突出她面部的结构。我们用到的仅仅是一个简易的Profoto可折叠柔光屏，和一部放在了她左侧（相机右侧）的遥控闪光灯。我们让柔光屏尽可能地靠近她而不进入画面。同时，我让闪光灯变焦到20mm以确保光线能覆盖整个柔光屏，这样就能创造出最柔和的光照。记住，光源距离越近，它的相对大小就越大。我保持其他所有相机参数不变，然后把遥控闪光灯设为手动模式，起始功率设在1/16。如果这个功率下看起来偏暗，我只需将其改成1/8。同样，如果1/16过亮，我就将其调低成1/64或1/128，以此类推。我持续改动直到我感觉闪光灯发出的光能很好的融入氛围光。这样一来，人们就看不出闪光灯使用的痕迹了，光照也会非常美妙。

图12.9 相机参数：ISO 400，f/2，1/500

光的逐步改进

尽管自然光很美，但如果想不牺牲画质而最大化它的美感，就需要你的拍摄对象站在基于CLE选出的完美地点上。让我们把这种地点称为“辉光区”。在第6章中我们通过Sydney的照片数次展示了这种“辉光区”。但是并不是所有的拍摄活动都发生于完美的时间、完美的地点。在不够理想的CLE条件下，最佳的“辉光区”可能并不存在，或者需要一点加强。这种情况下闪光灯就能帮助你创作出光彩熠熠的照片了——也能帮你省下过程的时间。接下来的照片展示了我在芝加哥授课时，在不够理想的条件下拍摄的一系列照片。我当时正在给我的学生们展示如何用闪光灯创造出“辉光区”。

图12.10：这张是这组照片的第一张。正如你所见，场景中有一些能帮上我们的CLE，也有一些不利于我们的因素存在。首先，Brooke所站的地面是浅灰色的（CLE-5），太阳在她身后（CLE-1）。在相机的右侧有栋红砖墙的建筑。红色和砖块的质地并不能带来良好的反射（CLE-4）。相机的左侧没有能把光反射到Brooke身上的墙面（CLE-4）。这意味着大多数光线都以竖直方向从太阳照射到地面，然后向上反射。

图12.10

图12.11：结果喜忧参半。光照还可以但不够好。她的眼窝里由于光的角度有很多阴影。这表明我们需要闪光灯的帮助。

图12.12：接下来，我们在她身旁放了一个柔光屏，作为一面能向Brooke的脸反射水平光的墙（CLE-2和CLE-4）。

图12.13：这回看上去就好多了。Brooke的左脸受到了更佳的光照。然而，画面仍然不够突出。我个人喜欢拍摄对象一边的脸比另一边稍亮，给画面带来立体感。要不然光照就显得太平。反光板有用但它可能会反射过多的光，对于我们来说，就失去了想要的柔和感。

图12.14：既然我已经拿出了一个柔光屏且随时可用，我决定最好用闪光灯来给她的左脸增加一些柔光。柔光屏能增大光源的相对大小，使光更为柔和与动人。

图12.11　相机参数：ISO 100，f/2.8，1/180

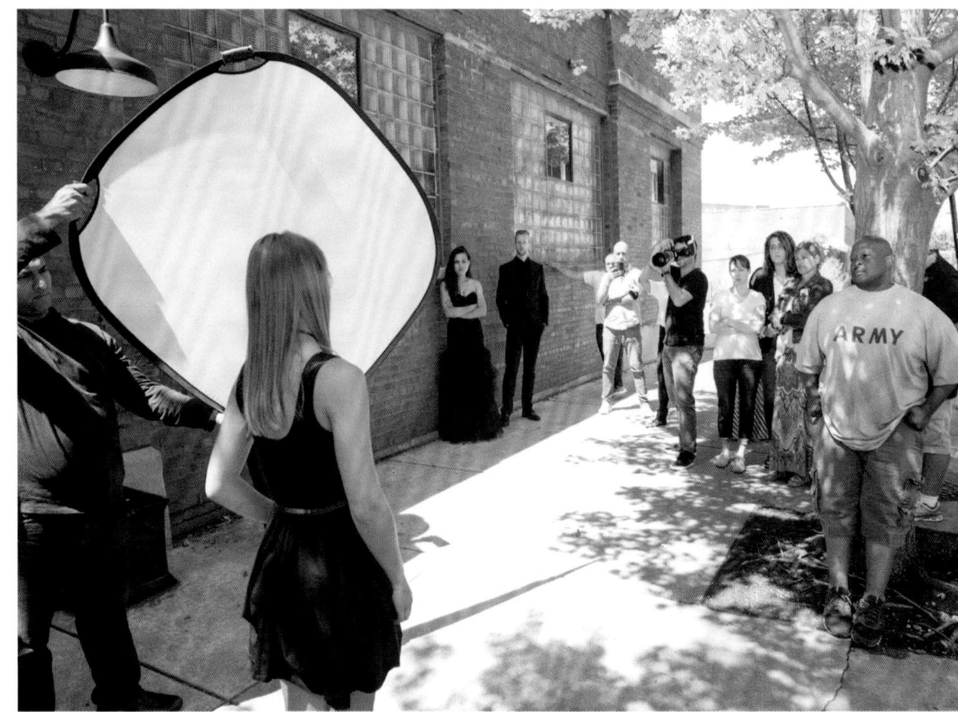

图12.12

图12.13 相机参数：ISO 100，f/2.8，1/180

图12.14

图12.15：这是最后的照片。闪光灯设为了手动模式，初始功率设为1/16。接着，我上下调整功率直到闪光与自然光无缝融合。现在，我们就有了“辉光区”的感觉，而无需场景中不同CLE的完美组合。她的眼睛显得明亮而充满活力。

这组照片快速摄于芝加哥的街头，没有给予背景过多的考虑。这个练习的目的是让你无论身处任何地方都能通过闪光灯对场景中现有的自然光进行加强，快速拍摄出动人的人像。如果有更好的背景的话，这张照片会非常惊艳。花时间去观察你的拍摄对象的眼窝，问自己是否需要水平方向的光来填充眼睛的黑暗。如果你身边的CLE无法带来足够的光照，就用闪光灯。

图12.15 相机参数：ISO 100，f/4，1/180

改变柔光屏的形状和相对大小

闪光灯靠近或远离柔光屏

闪光灯与柔光屏之间的距离对光的柔和度至关重要。相似地，你可能希望让光源变小以获得更强更集中的光线。在这种情况下，你只需让闪光灯更加靠近柔光屏，这样就只会用到柔光屏的一部分。让我们看几个示意图。

图12.16：这会创造出更强、更集中的光线，因为你本质上让光源变小了。

图12.17：让闪光灯远离柔光屏，光线就有了分散的空间，能覆盖柔光屏的整个表面。能利用上整个柔光屏，光就会变得更加柔和。

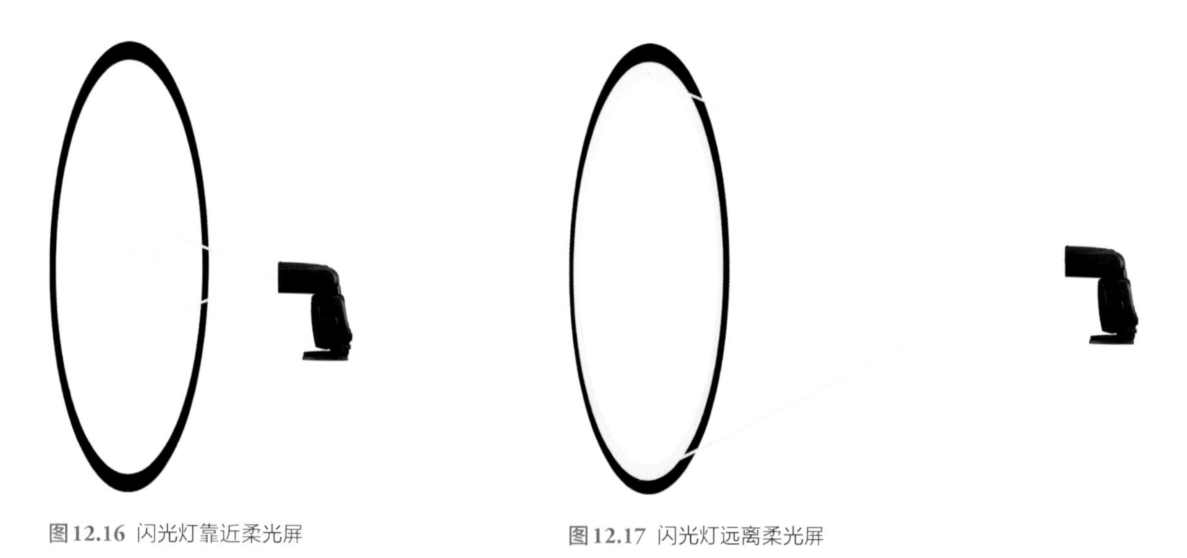

图12.16 闪光灯靠近柔光屏

图12.17 闪光灯远离柔光屏

柔光屏的窄边和宽边

在用简易的可折叠柔光屏搭配闪光灯时，你实际上会比你想象的有更多的选择和灵活度。我们知道，让闪光灯靠近或远离柔光屏会改变柔光屏表面的使用面积，因此而改变光源的相对大小。你也可以通过侧向移动柔光屏来进一步柔化光线。这样相对于拍摄对象面部的位置，就会产生柔光屏的窄边和宽边。注意在接下来的几个例子中，我使用的是Profoto的47寸半透明柔光屏。

图12.18：通过侧向移动柔光屏，让更多一部分柔光屏处于拍摄对象面部的后方，你就有效地创造出了类似一小条光源的感觉而无需购买长条形柔光箱。这使得光能快速衰减。因为拍摄对象面前没有足够的漫射材料，光就无法到达脸暗的一面。闪光灯的特定角度使得光线集中于脸的一面。当然，闪光灯在柔光屏的另一侧。尝试不同的闪光灯头方向，你会发现这种光效的各种有趣变化。

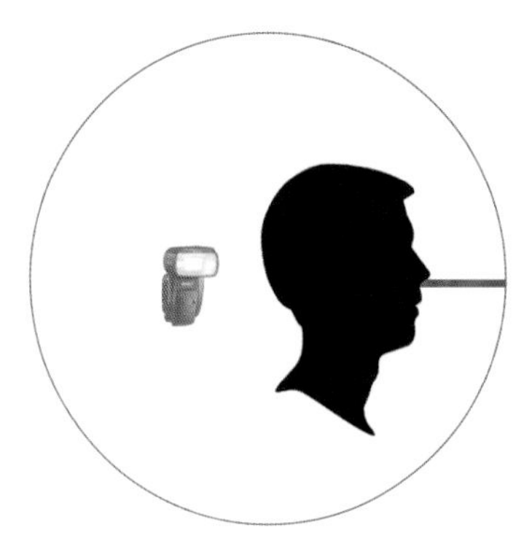

图12.18　窄边

图12.19：这是用柔光屏的窄边进行拍摄的一种可能的结果。正如你所见，圆形的柔光屏有着类似小条光源的感觉。如果你想要的是戏剧性和高对比度的光效风格，那么这将会非常有效。

图12.19　相机参数：ISO 100，f/3.5，1/200

图12.20：接下来，侧向移动柔光屏直到大部分面积处于拍摄对象的面前。这样做基本上会增大拍摄对象面前光源的大小。在这个位置，光线会传播到脸的暗面，柔化光照。这一回，闪光灯的特定角度会更加照顾到脸的暗面。

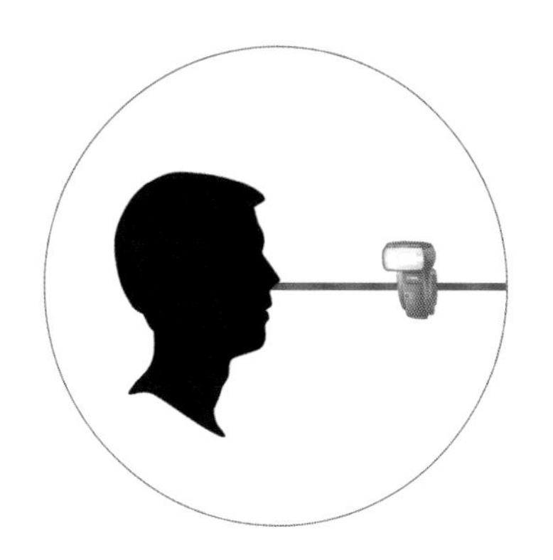

图12.20 宽边

图12.21：这张照片与**图12.19**的差别非常明显。现在，Peihu脸上的光更加柔和。脸的两侧都受到了光照，但一侧仍比另一侧亮一些，所以脸依然有着立体感。要是用传统的控光工具的话，想获得这种效果就需要更复杂的搭建和成本。

图12.21 相机参数：ISO 100，f/2.5，1/90

对窗光进行加强

图12.22：在这个例子里，我们很帅的模特坐在了距离他右侧窗户15英尺的地方。橙色的墙面对于人像来说这个很干净的背景。问题是窗光实在是太远了。在这张照片里，光线显得死气沉沉、过于平面、缺乏立体感。但是只要精心利用好经过改造的闪光灯，这就不再是问题了；本质上，我们可以让“窗户”离他更近。

图12.23：因为窗光离我们的拍摄对象太远，我决定用搭配了建议柔光屏的闪光灯来充当新的窗户。当闪光灯照亮大型的柔光屏时，柔光屏就变成了新的光源来照亮拍摄对象。因为柔光屏比模特的头大得多，它就会创造出一种充满活力的柔光。

图12.24：注意这张照片与**图12.22**的差别。闪光灯离柔光屏足够远，因此当它闪光时，光能覆盖柔光屏的每个角落。这样光源的大小就得以最大化，创造出非常动人、柔和的光照。确认你的闪光灯处于手动模式。如果光过强，你可以调低一点点，如果光过弱，你可以调高直到光看起来没问题。你也可以改变光圈的大小来减少或

图12.22 相机参数：ISO 400，f/2.8，1/90

图12.23

增加闪光灯对曝光的影响。在这个例子里，我想虚化背景墙。因此，我的光圈必须在f/4以下。

有四种手段能改变闪光灯对曝光的影响：

- 增大或减小闪光灯的实际功率
- 改变ISO值
- 改变光圈大小
- 改变光源与拍摄对象间的距离

如果你的拍摄时间很紧，改变光圈大小可能是增大或减小闪光灯对曝光的影响的最快方法。但是如果只有5秒钟的时间而你想保持光圈不变，那么你只需在闪光灯上调整实际功率的大小即可。

图12.24 相机参数：ISO 400，f/4，1/90

第13章

高级闪光灯技巧

作为一名职业摄影师，提升摄影水平我做过最棒的决定之一，就是在按下快门键之前不断问我自己："光照还能变得更好吗？"自然光能让照片变得美好，但时常它也会达不到我们的预期，这取决于当时的时间和天气状况。太多的变量需要达到完美，才能使自然光达到它的最佳状态。摄影师不能指望每次拍摄时这些自然光变量都恰到好处。

而当自然光不在最佳状态时，懂得使用闪光灯就能拯救局面。闪光灯带来了大量的摄影潜力和创造性的机会，使你既可以加强自然光，也可以创造出只靠自然光根本不可能获得的效果。一个关键的例子：闪光灯能分离开拍摄对象和背景环境的曝光。没有闪光灯，所有的东西就只有一个曝光。但如果你想让氛围光欠曝而增强拍摄对象的光照，你就必须把曝光分离开。而闪光灯能做到这一点。

本章的主要目的是通过介绍操作简单、便宜而又高效的闪光灯使用技巧，向你展示闪光灯能给你的作品带来的潜力和魔力。我职业生涯的成功，很大程度上要归功于本章中介绍的这些闪光灯使用技巧。

通过光照创造出拍摄对象和背景间的分离感

图13.1：在拉斯维加斯的一堂摄影课上，当走过Signature酒店的大堂时，我注意到了装饰性支柱上不同寻常的背光材料。正如你所见，柱子是黄色的，模特Kenzie的头发和裙子也是黄色的。我觉得这些不太一样的黄色很适合拍摄。然而，窗户离柱子实在是太远了，使得我得不到任何高质量的光照。此外，我想在Kenzie和柱子之间创造出分离感。解决方式就是用闪光灯来使曝光分离。窗光会照亮柱子，而闪光灯会照亮Kenzie。我当时身边已有一台组合了柔光箱的Profoto闪光灯，于是我决定用它。其实也可以简单用一部佳能闪光灯搭配一个柔光屏，但出于便利我直接用了手头就有的器材。记住：光就是光。Kenzie左侧的小型反光板的作用是加强她嘴唇左侧的光照。

没有了闪光灯，光的质量就远不足以让我们利用上装饰性的背景墙。更重要的是，通过使用闪光灯，我能分离开不同的曝光。我现在能同时单独控制环境曝光和闪光曝光。我的助手之所以把带有柔光箱的闪光灯拿在离Kenzie脸很近的地方，是为了增加光源的相对大小来以此创造出更柔和的光照。

图13.2：这即是分离了曝光并加强了场景中的光照质量后得到的结果。如果Knezie右侧很近的位置有扇窗户的话，她脸上就会有相似的光照。但是如果是这样，窗光就会让背景过曝，因为背景已经自带背光了。在这种情形下，你首先需要找到合适的背景曝光。接下来，你把闪光灯打开把它对准拍摄对象的脸，确保它不会照亮背景。最后，在手动模式下调节闪光灯功率直到拍摄对象也获得合适的曝光，然后拍下照片。就是这么简单。

图13.1

图13.2　相机参数：ISO 400，f/5.6，1/125

图13.3：这张Veronica的照片摄于纽约的一堂摄影课上。我旨在展示闪光灯分离开拍摄对象和背景的能力。这张照片是没有用闪光灯的初始照片。

图13.4：在这张照片里，我们仅加了一部焦距设为20mm的闪光灯，以使光能打到各处。这样一些光线就会在汽车、墙面、地面等发生反射。闪光灯的位置在Veronica背后10英尺的地方，处于相机的右侧。你可以看到她头发上的光。闪光灯成功地把她从背景中分离出来，让街景显得更加亮，与她暗色的衣服形成更好的对比。这是街拍很好用的一个技巧，只需要使用到一部遥控闪光灯。

图13.3 相机参数：ISO 400，f/2，1/350

图13.4 相机参数：ISO 400，f/2，1/200

图13.5：这个例子中的技巧我并不常用，但当需要时，它总是能在棘手的环境中发挥作用。同样，这个技巧只需一部遥控闪光灯。在秘鲁旅行时，我把我的模特放在了我能找到的最差的拍摄地点，这里有着糟糕的光照和她身后随处可见的无数干扰元素。

图13.6：这是仅在模特身后10英尺远的地方放置一部闪光灯就能获得的效果。这个照片是相机直出，你还能看到她身后举着闪光灯的人。闪

图13.5

图13.6　相机参数：ISO 200，f/2.8，1/90

光灯在手动模式下被设为了最大功率，相机快门慢于同步速度限值以确保闪光灯对场景产生尽可能大的影响。这张照片用黑白模式拍摄，没有经过任何修改。归功于这个技巧，我能从一无是处的环境中创造出有震撼力的图像。

图13.7：这张照片摄于罗马尼亚首都布加勒斯特。我的目的是展示尝试通过照明来创造出分离感，对于增进照片的冲击力是多么重要。大多数摄影师根本不会花时间去用光来创造分离感，所以那些愿意花时间的人就能脱颖而出。这张照片没有用到闪光灯，只有选择性的对焦和大光圈给背景带来的浅景深效果创造出了一些分离度。

图13.7　相机参数：ISO 125，f/2.8，1/180

图13.8：这里，我们在这对夫妇身后15英尺、位于相机右侧的地方放置了一部闪光灯。闪光灯的焦距设为了200mm，使得闪光有着聚光灯的效果而不会覆盖到场景中的其他任何物体，它只会照亮这对夫妇。我把闪光灯设为手动模式，上下调整功率直到获得满意的效果。正如之前提到的，我通常都以1/16作为起始功率开始调整。

图13.9：这张照片摄于德国科隆一个阴云密布的雨天。然而通过巧妙利用闪光灯，照片也可以不像天气这般暗淡而压抑。这是没有用到闪光灯的照片。让我们看看在这种不理想的条件里，闪光灯是如何创造出意想不到的效果的。

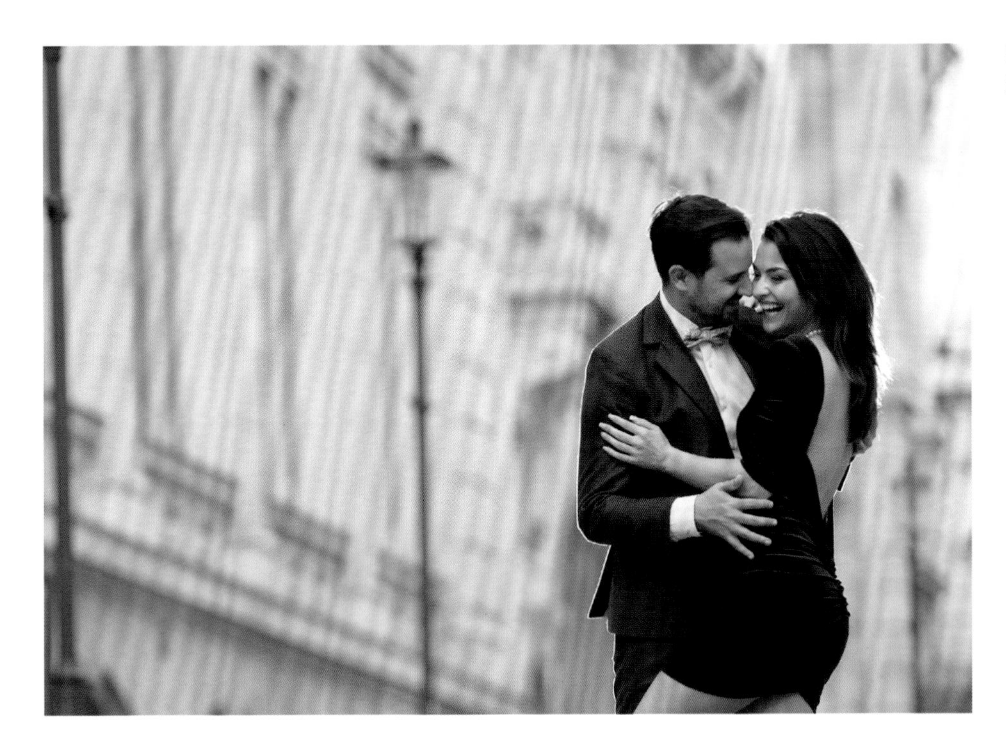

图13.8 相机参数：ISO 125，f/2.8，1/180

图13.9

图13.10：看到区别了吗？闪光灯能帮助摄影师克服条件的不足，而这常常足以使其他人取消拍摄。技巧是简单的，效果却是惊人的。同样，只需一部手动模式、功率为1/8的遥控闪光灯，把焦距设为20mm，以照亮尽可能多的雨滴。这对夫妇面前有栋建筑反射了一些闪光到他们的脸上。Photoshop无论如何也不能做出这样的效果，即使它能，也需要花大量时间来编辑。只需闪光灯就能办到的事为什么还要用繁冗的方法呢?

图13.10 相机参数：ISO 500，f/3.5，1/200

图13.11：这是一个婚礼中常见的情形。我们看到了一个有意思的背景，比如这些开满粉色花朵的可爱的树丛。我们让新婚夫妇站在这个背景前拍摄照片，但是仔细看夫妇的眼睛，它们是暗淡的。背景再惊艳，眼睛一黑也没法看。即使你调高ISO值，现有的自然光仍然无法照亮他们的眼睛。这里，我注意到粉色的花朵是半透明的，所以从背面打来的光应该能透射过来。花瓣不是上一个例子中的雨滴，但一旦有了背光，它们也会像雨滴那样焕发活力。是时候拿出闪光灯来发掘这个地点的潜力了。

图13.11

图13.12 相机参数：ISO 400，f/3.5，1/200

图13.12：我让我的助手站在夫妇身后10～15英尺的地方，藏在他俩中间。闪光灯焦距设为了20mm，以使闪光同时覆盖到左右两排的树丛。我身后有一栋楼，它能反射一些闪光到夫妇身上形成填充光。我把闪光灯设为我惯常的设定：手动模式、功率1/16，然后试拍了一张。接着我上下调整功率直到闪光看起来非常自然。在大多数的情况里只需试拍两次就能获得适当的功率设定。看到这张照片是多么的熠熠生辉了吗？！粉色花瓣有着美丽的背光，而夫妇的眼睛现在有了动人的光芒。我只用了一部遥控闪光灯，仅花了30秒就搭建完毕。这么做太值了！

用闪光灯保持氛围的真实感

图13.13：在多伦多的一堂摄影课上，气温降得实在是太低了，我们不得不被迫在酒店里拍摄。由于室外的严寒和阴雨，我们得到了酒吧经理的允许，得以在酒吧里进行拍摄。

一进门，我就首先注意到了酒吧独特的氛围。到处都是色调很暖的钨丝灯。此外，还注意窗户离吧台是多么的远。即使在明朗的晴天，窗光在这个距离对拍摄来说也远不足够。在这里例子里，太阳根本看不见，因此基本就没有什么光穿过窗户进来。在我拿出我的闪光灯准备给Kaitlin拍一张人像时，我的一些学生被惊到了，不知道为何我要用明亮的闪光来破坏这里的气氛。我在闪光灯上罩了一片1/2的CTO橙色滤镜，让闪光显得更暖，以符合周围光的参照点（CLE-10）。遵从CLE-10非常重要，要不然，闪光灯发出的光就不合逻辑，从而显得与酒吧的氛围格格不入。你必须基于周围的环境来调整闪光灯以使它们能无缝融合。

图13.13

图13.14：这张照片在很大程度上被闪光灯照亮，但它看上去就像是被吧台的氛围光照亮似的。光照柔和而温暖，与氛围非常契合。我之所以只用了1/2的CTO橙色滤镜，是因为如果我用的是正常的CTO的话，对于Kaitlin的肤色来说，橙色就会变得太重。我们用的技巧与之前一样，用一部闪光灯与柔光屏结合成更大的光源。然后我们把闪光灯设为手动模式，上下调整功率直到闪光与吧台的环境相符。这张人像告诉了我们只要使用得当，闪光灯可以和其他任何一种光源一样好看。了解第3

图13.14 相机参数：ISO 200，f/2.8，1/30

章中介绍过的光的特性，对于掌握通过使用和搭配闪光灯来得到想要的效果来说至关重要。

图13.15：在巴西的圣保罗旅行时，我为我的学生们展示如何利用CLE-10中描述的光的参考点，使用闪光灯提升任何地点的氛围和观感。这张照片摄于一个展览大厅，这个展位正在为明天的展览做布置。这里的光照条件很有挑战性。首先，这儿很暗；其次，唯一的光源就是上方的灯，却在模特的脸上产生了难看的阴影。

图13.15

图13.16：为了保持此地的氛围，关键点是使用光的参考点的方向和颜色。为了做到这点，闪光灯的光需要来自模特上方以模拟屋顶的灯光。我们在闪光灯前放了一个柔光屏来柔化光线。接着，我让拍摄对象的下巴向上抬起，使得光能填满她的面部以去除难看的阴影。现在要是有人看到这张照片，他们很可能会以为是上方的灯照亮了她。而其实，都是闪光灯的光。

图13.16 相机参数：ISO 250，f/5.6，1/200

图13.17：在另一堂闪光灯教学的课上，我让模特坐在灯旁的椅子上，灯泡是坏的。这是一个运用CLE-10描述的光的参考点的典型例子。我想让模特拥有更好的照明，但是室内的光太暗了，因此使用闪光灯就是符合逻辑的选择。然而，必须小心使用闪光灯，让它的痕迹不明显。落地灯是当作参考点光源的完美物体。因为里面的灯泡坏了，我把加了CTO橙色滤镜的闪光灯放在了落地灯基座上，朝向了阴影的方向，以此来模拟灯的橙色效果。当闪光灯发光时，就好像是灯亮了一般。

图13.17

图13.18：在手动模式下调试了闪光灯的功率之后，我把闪光灯的焦距设为200mm来收窄光线，尽可能地避免漏光。最后，我摆好模特的姿势并进行拍摄。用闪光灯点亮任何灯具并创作出好看的人像，想一想还是挺酷的！所有看到这张照片的人都以为是灯照亮了模特，而事实上，灯根本就是坏的。

图13.18 相机参数：ISO 400，f/2.8，1/1000

完全控制光照（移除所有氛围光）

图13.19：还是在拉斯维加斯的Signature酒店内，我注意到大堂里奶白色的地毯上有一个形状怪异的茶几。在观察这个地点时，我注意到了以下几点：窗光离得很远，几乎影响不到拍摄，天花板的人工照明则太过偏暖，因此，任何现有的光都不合适。

但是我并没有放弃它去离窗户更近的地方寻找别的拍摄机会，而是决定继续用这个地点拍摄。暗棕色桌面的形状覆盖在浅色的地毯之上，效果实在是迷人得让人难以放弃。我让Kenzie躺在桌面上，给她摆了个造型。然后我让一个学员端着带有小型八角柔光箱的Profoto闪光灯。这一次，我不想让光源离她太近，因为我想让闪光灯也照亮桌面。但是我们都知道，闪光灯离Kenzie越远，光就变得越不柔和，因此我们需要在其中找一个平衡。因为Profoto闪光灯是唯一的光源，它与拍摄对象间的距离就变得非常关键。如果灯离得太远，就会在她的脸上留下边缘清晰的阴影。

图13.19

我选择站在一个椅子上用一个角度拍摄，这样我就能同时拍到桌面和浅色的地毯。毕竟它们才是吸引我的地方。为了全部移除任何氛围光对曝光的影响，我把光圈改为f/8，把ISO保持在100。在这样的设定下，唯一能影响到曝光的就只有闪光灯的光了。最后一步就是不断调高闪光灯的功率直到曝光看起来没问题。这便是为何我几乎总是把我的闪光灯设为手动模式。

图13.20：这是移除所有氛围光对曝光的影响，只使用闪光灯作为人像照明后得到的最终结果。通过给闪光灯搭配配件并调整闪光灯与拍摄对象间的距离，就能获

图13.20 相机参数：ISO 100，f/8，1/125

图13.21 相机参数：ISO 100，f/2.8，1/250

得富有张力的人像，眼中有好看的反光，与背景也有明显的分离感，同时因为照片摄于ISO 100，所以高画质得以保证。

图13.21：这张模特Brooke的照片摄于芝加哥的一堂摄影课上，是一张针对氛围光的试拍。我当时正在快速展示摄影师如何在有限时间内只用一部遥控闪光灯为照片增加张力和戏剧性。这张照片里只有自然光。这很简单——也有点单调。我拿出了我的遥控闪光灯，准备让这张平庸的照片变得更有意思。

图13.22：首先需要的就是去除平淡的自然光的影响。我把光圈从f/2.8直接变成f/16并保持ISO在100。在这样的设定下，自然光在传感器上就不会产生痕迹了，试拍得到的样张完全是黑的。下一步就是打开遥控闪光灯并罩上一个柔光屏，放在离Brooke很近的位置。柔光屏和拍摄对象的近距离会增大光源的相对大小，因此光就变柔了。一开始，闪光灯的光太暗了，于是我就调高闪光灯的功率直到得到想要的曝光。然后，我让Brooke快速把脸向左转，这样闪光灯就会完全定格住这个动作，包括每一丝头发。当闪光灯是你的主要光源时，它就会定格住动作。这张照片距离上一张只有自然光的照片的拍摄时间相隔仅一分钟。闪光灯可以在快速地完全改变照片的样子，给你带来出色的效果。

图13.22 相机参数：ISO 100，f/16，1/200

图13.23：这是本书的封面照，我设想的画面是裙子的流苏在空中飞舞。我想创造出一种一切皆在动，而唯独Kiara头部不动的效果。像这样头部保持静止，她的眼睛就可以直视相机了。为了做到这点，我需要最大化闪光灯捕捉动作的能力。为了完美地定格住动态，最好要去除所有自然光的影响。自然光是一种持续的光源。大多数持续光源，包括太阳，与闪光灯的持续时间完全无法相比。闪光灯的光可以无比快速地迸发出来，定格住所有所及之物。我是在室外阳光直射的条件下拍摄这张封面照的，因此我必须用我相机的设定来去除所有自然光对曝光的影响。当时相机的参数是：ISO 100，1/400，f/14。

图13.23 相机参数：ISO 100，f/14，1/400

图13.24

如果你惊讶于为何快门速度能比相机的最大同步速度还快（当时没有用高速同步模式），答案就是我用的是叶片式快门的中画幅相机，它的同步速度能达到1/1600。这种很快的同步速度加上叶片式快门，在如本例这样的极端情况下非常好用。我用了两部闪光灯（影室灯），一部加上了一个6英尺的大型反光伞并摆在了模特的正前方作为主灯，第二部在她的左侧（相机右侧），加了一个Broncolor Para 88灯罩并指向了她的脸，充当轻柔的强调照明。这第二部闪光灯让她的左脸比右脸稍亮。没有这种强调照明，Kiara的脸就会显得很平，因为光是均匀分布的。为了让照片有立体感，脸的一边应该比另一边更亮些。因为两个光源相对都很大，所以光照柔和而动人。**图13.24**为这个设定的幕后照片。

用闪光灯创造出干净的剪影

图13.25和**图13.26**：我最爱使用的闪光灯技巧之一，即是用它把肉眼看到的景象转化成意想不到的东西。举个例子，下面这些照片摄于波士顿一家酒店地下的普通会议室里。房间里没有窗户，唯一的照明是头顶的黄色钨丝灯。墙壁上是那种量

产的办公壁纸，材质非常廉价。这个房间没有任何吸引人的地方。

但是只要在地上放置一部功率设为最大、手动模式的闪光灯，你就能让背景里的一切都过曝，只留下纯白的干净背景，这对于剪影拍摄来说再好不过了。闪光灯安在了一个放在地上的小型三脚架上，指向墙壁的方向，焦距设为35mm。你可能需要调整闪光灯的焦距以覆盖画面内的整个墙面。这个例子再次展示了闪光灯如何让摄影师在最差的场景、最具挑战性的地点也能拍出美丽的照片的。想象一下，当你可以把任何房间的墙面都转化为白色的干净画布，而在这块画布上你可以为拍摄对象选择造型时，你就能获得的无限创作可能吧。

图13.25 相机参数：ISO 100，f/4.5，1/200

图13.26 相机参数：ISO 100，f/4.5，1/200

图13.27：这里，我回到了佛罗里达州Sarasota市遭遇了飓风的婚礼场地，为你展示在恶劣天气下拍摄的过程。当时雨倾盆而下，我被迫适应并寻找能拍摄新婚夫妇的地方，他们正躲在屋檐下，但对我来说依然是重要的。不管是下雨还是晴天，客户都希望我们能拍下好的作品，而如果你是一名职业摄影师，你就应该具有快速适应并保持作品的高质量的能力。在这个例子里，一栋中东风格的建筑吸引了我的注意。它有着带天花板的走廊，且窗户在框内是暗色的。黑暗的环境使我得到灵感，想到用闪光灯拍摄一幅剪影来给照片增添活力。我注意到天花板上挂着的灯是橙黄色的。这些灯将是我的光的参考点（CLE-10）。

图13.27

图13.28：通过针对场景中最亮处进行曝光，建筑的所有细节都会变黑，只留下中东风格的轮廓。我让夫妇站在最大的拱门下面，在地面朝向墙面放置了一部加了1/2 CTO橙色滤镜的闪光灯，使得它的光能接近顶灯的橙色。我不想要任何光照亮我的客户。我只想把墙面照亮。这是让闪光灯的光显得更真实的唯一方法。这样照片不得不看上去像是地面也有照明似的。尽管这有些牵强，但在他们周围形成明显的轮廓光，总比让闪光灯指向这对夫妇来得要好。因此，我两者择其优，给我的客户拍下了一张美好的照片。没有闪光灯，这张照片根本不可能拍到。

图13.28 相机参数：ISO 640，f/2.8，1/30

用闪光灯创造出增添视觉趣味的投影

投影可以给照片增添很多视觉趣味。阴影是光的自然产物，当氛围光很暗时，闪光灯就再次成为了救命稻草。对于这个技巧，你需要一个干净的背景、一个用来投影的物体和一部遥控闪光灯。这就足够了。我经常用这个技巧来给枯燥乏味的地点增添一些乐趣。让我们看几个例子。

图13.29：这张照片摄于巴西圣保罗的一个展览大厅里。干净的白色墙面是完美的投影背景。我们找到了一个木质靠背的折叠椅，我认为非常适合让闪光灯穿过它。我这回把闪光灯保持在自动对焦模式。为了创造出想要的阴影效果，你必须牢记光的特性（第3章）：光离物体越远，光源的相对大小就越小，因此，光就会创造出更清晰、边缘更硬的阴影。与此相反，如果你让闪光灯离椅子更近，闪光灯相比椅子就有更大的相对大小，从而带来更柔和的光，结果就会是阴影边缘过于柔和，墙面上无法形成清晰的投影。在这个例子里，让闪光灯离椅子大约4英尺远就能在墙上创造出完美的投影。

图13.29

图13.30 相机参数：ISO 250，f/4，1/200

图13.30：这是用闪光灯穿过普通的物体照射带来视觉趣味的效果。我小心地调整模特的造型以使光条能正好落在她的眼睛上。想象一下没有闪光灯的帮助这张照片会是什么样子，会看起来非常乏味，并且房间内低暗的光照会让拍摄对象显得很难看。

图13.31：这张照片的拍摄过程很有意思，它与上一个例子用到的是同样的技巧，但这一回阴影投在了干净的白色天花板上，而不是墙上。闪光灯放在了距离夫妇面前8英尺的地方，以完美的角度把他们身体的影子清晰地投在了拱门另一侧的天花板上。如果没有投影，照片也会很好看，但天花板上的投影让照片的创意上升到了新的层次。

图13.31 相机参数：ISO 320，f/3.2，1/60

图13.32：这个闪光灯使用技巧最具挑战性的部分是你要时刻保持注意力，从而抓住任何显现出来的机会。这些机会不总是显而易见的，需要你能密切关注到不寻常的物体。在加拿大Manitoba省Winnipeg市的一次艺术拍摄里，我走在Aspire摄影工作室里时，在一个很暗的房间里靠近地面的位置发现了一个通风口。使用闪光灯，只需这个通风口我们就能创作出富有感染力的照片。

图13.33：我让化妆师拿着一部遥控闪光灯，把它设为手动模式，在墙的另一边指向通风口的方向，如图所示。

图13.34：接下来，我们调整闪光灯的功率以及相机的光圈、快门速度和ISO值，以获取地面上的投影的形状。一旦投影清晰可见，我们就让模特Amber躺在地上，使通风口的影子投在她身上。

图13.32

图13.33

图13.34

图13.35：最后的成果——从发现这个简单的通风口开始——把这个地点转化成了不寻常的照片。闪光灯的焦距设为了200mm以使光束尽可能的窄。因为室内已经非常暗了，闪光灯无需很大的功率就能在模特身上投射出清晰、明显的阴影。

图13.35 相机参数：ISO 250，f/4.5，1/125

用闪光灯创造出低对比度的、梦幻的、朦胧的效果

这个技巧可以创造出我一直最爱的效果之一。这种效果并不是每个人都会喜欢，有时候也不尽如人意，但当你拿捏得恰到好处时，看起来就会很棒！把遥控闪光灯指向镜头的方向就能做到这种效果。当闪光灯的光线进入镜头打在传感器上，画面的对比度就会极大地降低，从而带来一种非常梦幻的效果。在拍摄私房照时这会特别好用，或者当你想给人像增加一种梦幻的神秘感时。这种效果也能通过大幅降低对比度而很好地去除面部的皱纹。

图13.36：这第一张照片展示的是拍摄低对比度/梦幻效果时的初始设定。

图13.37：闪光灯给拍摄对象和树丛之间带来了不错的分离感，但它被放在了错误的位置。闪光灯的光实际上并没有进入相机的镜头。

图13.38：我们做出的调整是让拿着闪光灯的人移到相机画面的右侧，让闪光灯在手动模式、1/2功率下闪光。然后我让这个人左右上下微调，直到闪光灯的光能完美地进入相机镜头里。这个方向不是通过精确的计算，而是通过反复摸索试错得到的。你的目标是让穿过镜头的光导致的镜头炫光不会遮挡你的拍摄对象。微调相机或者闪光灯的位置可以让镜头炫光的范围落在不同的位置，即不停四处移动直到你的拍摄对象清晰可见。为了让尽可能多的光进入镜头，我发现把闪光灯放在离镜头10到20英尺的距离是最好的。

图13.36　相机参数：ISO 200，f/4，1/180

图13.37　相机参数：ISO 200，f/4，1/125

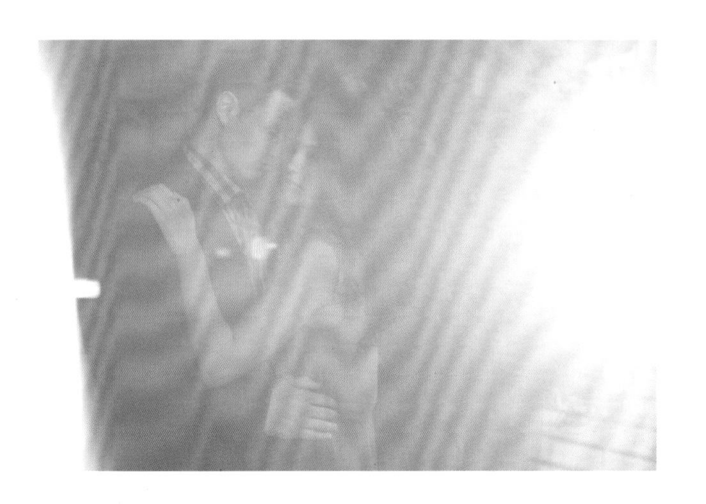

图13.38

图13.39：这是最终的结果，闪光灯以完美的角度指向镜头创造出了这种梦幻的效果，同时也避免了镜头炫光对拍摄对象的遮挡。正如你所见，这可以拥有非常动人的效果。如果这不是你的风格的话，没有任何问题，但是我仍会鼓励你在练习时尝试它，如果你想做出一些改变的话，也可以在你的客户身上用到这种效果，有多重选择总是好的。

图13.39 相机参数：ISO 100，f/4.5，1/180

图13.40：在纽约街拍时，我开始对傍晚时分的低光照条件感到厌倦。我决定用这个技巧做一些更有意思的创作——或者起码在视觉上更有趣些。

图13.41：对于这张最终的照片，我让我的一个学员在相机画面左侧、黄色花朵的后面端着一部闪光灯。我上下调整遥控闪光灯的功率直到进入镜头的光量恰到好处。这个技巧的好用之处就在于你可以随意上下调整进光量。举例来说，这张照片里这个效果就很轻。它降低了对比度，给画面适量的梦幻效果但不过火。如果镜头的进光量太大，照片就会几乎变成纯白。这个技巧需要平衡和微调才能达到你想要的效果。

图13.42：这张照片摄于黄昏时分。窗户已经几乎没有什么光了。为了在这种几乎无光的条件下拍出美丽的照片，我决定使用这个技巧来给这张私房照增加一些浪漫感。我让我的助手在我面前的左侧拿着一部闪光灯，离相机大约8英尺远。我把闪光灯设为手动模式，功率调得较高。然后我通过调整相机的光圈和

图13.40 相机参数：ISO 500，f/2，1/125

图13.41 相机参数：ISO 500，f/2，1/125

ISO来控制进光量的多少。在f/2.8时，传感器就受到了过量的光照，使得画面几乎完全白了。我把光圈改为f/4后，尽管结果好些了，对我来说还是太亮了。在f/5.6时，画面就恰到好处了。我于是给Jacquelyn摆好造型并拍下了这张照片。注意她的皮肤看起来之所以那么柔和，是因为进入镜头的光虽然去除了大量的对比度，但仍足够使我们能看清皮肤的质感和颜色。不要犹豫去尝试这个技巧，你会爱上它的效果的。

图13.42 相机参数：ISO 100，f/5.6，1/200

第5部分

实现你的光的视觉构思

第14章

归纳汇总

在本书中，我们已经探讨了如何才能在任意情形下获得最优的光照，不论是头像照还是婚礼，抑或是时尚还是人像。我在一开始就谈过为何要使光的视觉构思优先于用光风格，不管你是“人像艺术家”还是仅在不同情形下给人拍照而已，我都鼓励你打破常规并问自己：你想让拍摄对象获得怎样的光照，来突出你作为一名摄影师，想要给观众展现的东西。把自己想象成诗人，诗人们会精心地选择诗歌的体裁和辞藻，目的是引发读者的情感共鸣。给人拍摄的摄影师们应该有着相同的目标。如果你总是一成不变地用影室灯或自然光去创作，那么这就像总是用相同的词语作诗一般。因此，拥有光的视觉构思就会使你作为一名摄影师，花上一些时间去思考你想要通过人像表达什么，怎样让光随你调遣。

在第3章中，我们学习了光的五大特性：

- 角度特性：入射角＝反射角
- 平方反比特性：光的平方反比定律
- 相对大小特性：光源的相对大小
- 颜色特性：光的色彩
- 离散特性：光在不同表面反射的可预测程度

这些特性是可预测的，不论你使用何种的光，你都能依靠它们——不管是窗光、闪光灯、影室灯还是视频灯。本书中的一切都能回溯到这五大特性，因为所有光照的决定都建立在它们的基础之上，没有例外。如果你真的花时间去掌握这些特性，你就能发掘出摄影的无限创作可能，你用光的挫败感也能随之消失。

在光的五大特性之后，我为你介绍了一种在任何环境里寻找、分析、获取最佳光照的新方式。我将这个系统称为环境光元素，即CLE。总共有10个CLE。经过了3章环境光元素的介绍、分析和应用，第7章介绍了一种在拍摄之前对任何环境里的光的质量进行测试的原创方法。我强调了我在拍摄时会经常使用光的基准，但我不一定会把自己限制在它的参数限制里。每个情景都是不同的，需要摄影师自己去评估何时使用光的基准才最为合适。尽管如此，光的基准给我的摄影作品带来了最大的改进。我相信如果你遵循它，你的作品也能获得极大的提升。光的基准最根本的目标是在你拍摄人像时，帮助你找到一种方法，使ISO尽可能降到最低的同时，给场景增加必要的光照。

在使用光的基准测试之后，你就能更好地判断你是否需要辅助光的帮助。辅助光——包括反光板、柔光屏、视频灯、闪光灯等——能单独或者组合使用来帮助你提高任何地点的光照条件。如此一来，能使你可以用更低的ISO拍摄，同时保持最佳的画质。我反复强调在任何情形里都要增加必要的光照而不是调高ISO值来补偿光质或光量的不足。记住这是针对人像摄影来说的，而不是新闻摄影。

我们已经走过了漫长的旅程。现在让我们学习一些案例，目的是为你展示我在牢记上文讨论的所有知识的同时，采取了怎样的构思步骤来做出用光决策的。当然，这些只是我的思考过程，你很可能会与我有所不同。这很正常。如何做出用光决策是你个人的选择，最关键的是你在头脑里要有自己的视觉构思。

我对光的思考过程

在摄影时，一切都是可以改变的。因此，当我走入任何的环境中，我都只会把这些地点当作创作的提示，而不会把它们看作是一成不变的。举个例子，走入一间有着充足光照的窗户的房间，不代表我就必须把这扇窗当作光源。它只是一个提示。这就好像是这个拍摄地点在与我对话，建议我："用窗户吧"，或者"到公园里那个可爱的喷泉那里去吧"。我可以选择使用窗户，我也可以在别处自造光源。选择权在我。

我会做的是快速扫一眼所有可能的拍摄地点并开始评估身边的环境光元素。我会考虑光的方向、平整表面、墙和地面的颜色、阴影的种类，等等等等。接着我开始思考光的五大特性并判断我该如何使用CLE来创作我想要的人像。举个例子，如果窗户的确是我选择的光源，从光的平方反比定律来看，如果我让拍摄对象离窗户很近，光一开始会很强，然后会有很快的衰减。然而，如果我想要给人像创造出更均匀的光照，我知道我可以让拍摄对象远离光源，这样光照就会更均匀地分布在拍摄对象的脸上。

接下来，我要决定如何为拍摄对象摆造型。我会问我自己两个问题：

- 我让光源决定造型吗
- 还是我先选好造型然后据此来创造所需的光照

我会快速试拍一张。我的光的基准测试会在任何指定的地点判断光质和光量。如果基于我的光的基准参数曝光还是过暗，那么我就知道我要使用辅助光了。

如果辅助光是必要的，我就会选择最好看和有效的辅助光。我的选择纯粹基于经验和无数的练习。通过对不同场景类型的练习，我能快速决定什么能给我最好的效果。我不能更强调练习的重要性了。没有正确的练习，你就只能在你的客户身上试验，你就会显得缺乏准备或者掌控能力。你可能会偶尔走运一次，但你还是应该依靠实证过的经验而不是指望运气。

最后，我再一次参考CLE和五大光的特性来判断如何使用辅助光。然后我就拍下照片。

听起来好像步骤挺多，确实如此。在我的脑海里，整个过程其实只有数秒钟的时间。当然，我相信这是练习的缘故。你练习越多，过程就会越快。最终，所有这些决定都会变得下意识而你甚至都不会注意到它们。

现在让我们学习一系列摄于不同拍摄场合的照片，从概念到最终的成果，逐一分解这个思考过程。

案例和练习

我强烈建议你尝试去还原大部分的场景以使你自己能掌握各个概念。把下面的一系列案例当作练习来对待。如此你就会深度理解这些技巧而不是浅尝辄止。

光的学习案例

案例1：辅助光（闪光灯）

图14.1：我在瑞士Lugano市曾给一位时装设计师做过拍摄，拍摄开始的时候我有幸获得了与瑞士模特Nora合作的机会。拍摄的环境，第一眼看上去，CLE并不是很理想。CLE-1关注的是光的方向。当时马上就要下雨，天空中阴云密布。光总是有方向的，毕竟太阳在天空中的某个位置，但在这种情况下，这就无关紧要了，因为根本就没有多少阳光。这充分表明如果你限制自己只用自然光就会成为很大的问题。穿过云层的少量光线也被绿色灌木吸收了（CLE-4），然而，灌木同时也为我提供了一个干净的背景（CLE-3），与Nora裙子的颜色形成了很好的反差。这是我选中这个地点的决定性因素。我知道我不能指望自然光，而我可以依靠我的闪光灯来创造美丽柔和、看起来非常自然的光照。一个需要注意的关键之处是，Nora的头发与身后暗绿色的灌木缺乏分离度。作为人像摄影师，我们必须注意到这个问题，力争创造出所需的分离度。

图14.2：为了拍这个照片我使用了两部闪光灯：一部在前一部在后，后面那部在我的朋友Marian手里，起到为头发打光的目的。前面那部（主控灯）带有一个52寸的柔光屏，以增大光源相对于Nora的大小。这个决定基于光的相对大小特性。后面的闪光灯不带控光工具。我们仅仅调整了这部闪光灯的角度，从而让一些光线照到Nora的头发上，这样它就能柔和地把她从背景的灌木中分离开。这部闪光灯大多数的光不是照亮了地面，就是指向了天空，而这些区域都不会进入画面。这是使用裸闪光灯的一种方式。

图14.1

图14.2

图14.3：这是最后的照片。你可以在这个最终的画面里看到CLE-3是多么地合适。拜罩在闪光灯上的柔光屏的相对大小所赐，Nora面部的光照看起来既优雅又柔和。最重要的是，后面闪光灯的光给Nora和背景之间带来了急需的分离度。分离度对于混用闪光和自然光的拍摄来说是关键之一。

图14.3 相机参数：ISO 200，f/4，1/250

案例2：辅助光（反光板）

图14.4：这张Jennifer与Mark的照片摄于法国美丽的St.Barts岛上。落日美得难以置信，带来了惊艳的背光和剪影效果（CLE-1）。但是我对画面的视觉构思并不包含剪影。相反，我的构思是让Jennifer和Mark靠近相机的一侧保留全部微妙的细节。然而，他们所在的地面是暗棕色的泥土（CLE-5）。这种材质会吸收更多的光而不是反射。

我不想为此妥协，因此我需要用到辅助光。闪光灯在这里就会显得过于强烈，除非经过大幅的修改，而我并没有任何修改的时间。最好的选择就是反光板。反光板可以向这对夫妇反射那温暖而浪漫的光。我们必须使用第8章中介绍的外凸弯折技巧，这样打向夫妇的光就会非常温柔。要不然，如果保持反光板默认的平面状态就会反射过量的光，这样浪漫感就会大大降低。

图14.4　相机参数：ISO 800，f/5，1/800

案例3：环境光元素

图14.5：在这张照片里，我让环境光元素做了全部工作。光的源头和方向来自与头顶天窗的阳光（CLE-1）。地面有些光泽且颜色较浅（CLE-5）。这使得整个房间充满了柔和而均匀的照明。真正引起我的注意的是地面上的光斑，地面上这些干净的光块（CLE-7）给了我拍下这张照片的灵感。让Lila站在其中一块光块旁边，光就能反射到她的裙子上（CLE-5）。这样一来，就无需使用辅助光了。地面已经是个大型光源，充当了反射板的角色。此外，穿过天窗而来的强光与地面反射的光相结合，让新娘和其余的画面之间产生了明显的分离感（CLE-9）。仅这一个例子就能体现为何我要强调辨识和掌握所有CLE是多么有必要。

图14.5　相机参数：ISO 400，f/6.3，1/160

案例4：环境光元素

图14.6：在土耳其Izmir的一个造型课程期间，我注意到地面上有块与上一个案例非常相似的干净光块（CLE-7）。只需地面上这个光块就够我拍出动人的照片了。辅助光同样不再必要——因为CLE已经提供了所有必需的光照。我只需根据光的方向来调整模特的造型即可。

图14.6

图14.7：这是最后拍得的照片。关键的一点就是我的拍摄角度。在这个我选定的角度上，我可以让光的平方反比定律特性带来动人的面部阴影。这是获得这些阴影的最佳拍摄角度。因为Nazli距离门口相对较近，我知道光在她面部的衰减会非常迅速，这样照片就会得到很高的对比度。假如我选择用我身后的光源来拍摄这个场景，你仍能在她脸上看到美丽的光照，但这些阴影就没有了。因此，我选用了特定的造型和拍摄角度，力图在Nazli面部清晰地表现出强力而动人的光照，同时在她面

图14.7 相机参数：ISO 100，f/2.8，1/2000

部和纱巾上给画面带来美丽的纹理。

案例5：环境光元素

图14.8

图14.8：这个地点看似很一般，但时刻记住CLE仔细观察一下。首先，右侧有扇很大的窗户可作大型光源（CLE-1）。光源恰好正对着一面干净的白墙（CLE-3）。只需结合这两个CLE你就能拍出好照片。

图14.9：太阳在一天中会不断改变位置，在窗户正对着的墙面上带来不同的光（CLE-3）。在大约4:40pm的时候，太阳的位置足够低，使得阳光直射入窗户在墙面投下强光，形成两块干净的光块（CLE-7）。这一回，光块出现在了墙上而不是地上，这就与上一个案例不同了。我根据光照给土耳其模特Murat选了个造型。在这张照片里，我让他站在离窗光尽可能远的位置，以确保他从前到后都有几乎相同的光照强度。这是基于光的平方反比定律考虑的。拍摄对象离光源越近，光的衰减就越快。因此，如果拍摄对象离光源越远，光在他面部的分布就会更加均匀，因为光的衰减几乎无法察觉。

图14.9 相机参数：ISO 100，f/3.5，1/500

案例6：环境光元素

图14.10：拍下上一张照片10秒钟之后，我决定使用光的平方反比定律来拍一张Murat的人像，让光有迅速的衰减。在照片中，窗户是大型的光源。因此，根据光的相对大小特性光一定是柔和的（CLE-1和CLE-4）。这使得光能很好地勾勒出他的面部，给照片带来更神秘的观感。

图14.10

图14.11 相机参数：ISO 100，f/3.5，1/250

图14.11：这是最后拍得的照片。我用左侧的镜子创造了一个镜像。这样我就可以把镜像放在画面左侧，把Murat放在画面右侧，形成完美的画面平衡。此外，Murat离室内的明亮光源很近，获得了很好的分离度，因为我是根据Murat脸上的最亮点曝光的（CLE-9），所以房间几乎是全暗的。注意光在他的面部衰减得多么快，他的耳朵几乎完全陷入了黑暗。

案例7：辅助光（视频灯）

图14.12：这是我最得意的订婚照作品之一。这对新人想要与众不同的感觉，于是我在德克萨斯州Galveston一间酒店宴会厅里拍下了这招照片。当时有窗光和一些头顶的钨丝灯。我对这张照片的视觉构思是不包含任何窗光，所以我让助手遮上所有的窗户。下一步，我构思了一种造型，并用了3部光强各不相同的视频灯拍摄这张照片。主要光源是照亮了他们在镜子中面部的镜像的视频灯。第二盏灯功率设为最低，柔和地照亮了纱巾。最后一盏灯照亮的是男士的胸膛。

我在第1章中说过你应该让光的视觉构思优先于用光风格，这张照片恰恰展示了我的意图。我的视觉构思需要我对光的完全掌控。假如我用窗光当作光源，就不可能拍出这张照片。

图14.12 相机参数：ISO 100，f/4，1/40

图14.13

案例8：辅助光（闪光灯）

图14.13：在洛杉矶的摄影课上，我正在给学员们展示不管天气如何，总是寻找高质量的光的重要性。毫无疑问，一大片云会遮住太阳，使我们置身于开放阴影之中。正如你从这张幕后照片看到的一样，我让我的朋友Andre拿着一部罩了52寸柔光屏的闪光灯。由于光的相对大小特性，这个大型柔光屏会产生柔和的类似窗光的效果，创造出与背景间的分离感。

图14.14：在大型可折叠柔光屏后只有一部闪光灯，产生的光效类似窗光。我在闪光灯上用了高速同步模式，快门速度高达1/2000。因为闪光灯在高速同步模式（佳能）——或焦面同步模式（尼康）——下会失去大部分的功率，闪光灯功率就必须设为1/2才能有足够的光能穿透柔光屏到达Dylan和Ian。高画质得以实现的原因是ISO保持了低值，尽管快门速度较快且拍摄时的阳光并不充足。由于这些原因，我鼓励你学习正确使用闪光灯，这样你的人像才会有尽可能高的画质。

图14.14 相机参数：ISO 200，f/2.5，1/2000

注意当用自然光拍摄时，由于面部骨骼的缘故，我们的拍摄对象的眼窝常常是阴暗的。在拍摄时，因为当时阳光不足，很难有光线反射进拍摄对象的眼睛里，这个问题被放大了。要是我没有用闪光灯，Dylan和Ian的眼睛就都会暗上许多。因此，使用了闪光灯，不仅可以清楚地看见他们的眼睛，同时Dylan的眼睛里也有了动人的反光。

案例9：辅助光（反光板）

图14.15：在Palm Springs旅行时，我想快速地为我美丽的妻子Kim拍一张人像。我决定使用窗光作为我的主要光源。我让Kim离光尽可能地近，以利用上离光源很近时增大的光强。然而，这也同时造成光的迅速衰减，因为她离光太近了。没有多少女士愿意拍一张光暗分割的人像。因此，我需要在相机右侧增加辅助光来填补离窗户太近造成的阴影。我用反光板来提供柔和的反射光。奶白色的墙面充当了干净的、无干扰的人像背景（CLE-3）。在这个例子里，我根据光照调整了拍摄对象的造型。

图14.16：对于这张我的朋友Laura的时尚照，我采取了与拍摄Kim完全相反的策略。这一次，Laura面前有一扇很大的窗户，而我决定忽略它。我的构思是给Laura创造一种性感的、时尚的人像照，而不是美妆写真。因此，为了增加神秘感，我把闪光灯在手动模式下设为最大功率，罩上一个中等大小的柔光箱，放在相机左侧离她头顶很高的地方。这样光会打在Laura的头发和嘴唇上，而她的眼睛则显得黑暗而神秘，带有了我构想的性感和诱惑感。在这张照片里，我根据拍摄对象的造型调整了光照。

两张Kim和Laura的人像都有着类似的取景和干净背景墙的使用（CLE-3），但它们的区别不能更大了。光能帮助你实现你的视觉构思。

图14.15 相机参数：ISO 200，f/4，1/800

图14.16 相机参数：ISO 100，f/16，1/250

案例10：辅助光（闪光灯）

图14.17：在洛杉矶市区这场婚礼的新郎拍摄环节，我在会场内注意到了一个很棒的、很有氛围的房间。问题是我身后的窗户是唯一给室内提供光照的光源。当时真的很黑！然而，尽管我身后的那扇窗户离我很远起不到什么作用，它还是给了我一个光的参照点（CLE-10）。我的思考过程如下：如果我身后有扇窗，那么很可能相机取景外的右侧有另一扇窗。事实上，那儿并没有窗，但我决定通过用一部闪光灯搭配我当时手里最大的52寸柔光屏，自己制造一扇窗户。

图14.17

图14.18：我让助手把闪光灯设为手动模式，功率设为1/2并罩上柔光屏，放在相机右侧离Michael有8英尺远的地方。我根据光照给Michael摆了个造型。我需要闪光灯设在普通模式，因为我尝试让它的光看上去就像是窗光照亮右侧的画面一样，而闪光灯的功率不能太低。要是没有了闪光灯，我就不得不把ISO调高到至少3200才能获得合适的快门速度。幸亏闪光灯充当了窗户的角色，我得以降低ISO，在保持了氛围感的同时避免了大量的数码噪点降低画质。注意这张照片看起来多么清楚。你可以看清每个细节，包括他的眼睛，甚至是画面左侧黑色椅子的细节。正是由于这个原因，我总是建议世界各地的摄影师们为场景增加光照而不是增加ISO值。这

图14.18 相机参数：ISO 400，f/6.3，1/125

会多花一点时间，而结果是非凡的！

案例11：辅助光（视频灯）

图14.19：在我的好友Brooke与Cliff纽约的婚礼期间，我们想在Ace酒店的吧台拍几张人像。问题是现场只有氛围光照，一切都在昏暗之中。我让同行的摄影师Collin拿来两盏条灯，每人各一盏，用以在夫妇和背景间创造出分离度。一旦获得了分离度，我就能拍下左侧小镜子中他们的镜像。

图14.19

图14.20：这是最后拍得的Brooke与Cliff的照片，用两盏条灯带来了分离感。我之所以决定不用闪光灯，是因为暗色木质的墙面太光滑了（CLE-4）。这类材质对于闪光灯来说太反光了。视频灯在这种情况下更好掌控，且操作更快捷。

图14.20 相机参数：ISO 1600，f/2.8，1/60

图14.21：这里，我注意到新娘背后的暗色窗帘可能是个很好的背景，因为暗色调与她白色的裙子能形成完美的反差（CLE-3）。然而，新娘面前的窗户并没有提供足够产生分离度的光照强度（CLE-1）。因此，我必须让一位伴娘手持条灯来增强窗光。接着我让新娘抬起下巴让光充满她的脸庞。

图14.22：这是最后拍得的照片。请在构思时时刻牢记CLE。正如你所见，暗色的窗帘产生了分离度，的确很适合当背景。假如我让窗帘打开一点，就会造成漏光，给画面带来很大的干扰。视频灯不仅增强了所需的光照，而且让我可以给新娘摆出更动人的造型，让她朝光的方向扬起下巴。

图14.21

图14.22 相机参数：ISO 250，f/2.8，1/90

案例12：辅助光（闪光灯）

图14.23：熟悉闪光灯最大的好处之一即是拥有预见闪光灯如何改变一个场景的能力。这张照片的拍摄过程恰好体现了这一点。当时我正在洛杉矶市区的California Club里走动，我注意到这个雅致的房间装饰有古典绘画，同时，我也注意到了两个障碍。首先，绘画挂得过高，其次，很亮的黄色顶灯直接照射着画中女士头部的位置。解决方式是对绘画的最亮点进行曝光，同时让新娘站在一把椅子上。

图14.24：接下来，我发现画家是在一个平整的背景前画下了这些女士的。因此，我构思了一个画面，让新娘和背景与画中的情景类似。做到这一点的唯一方法是模拟出很平的光照。如果光照需要做到既平又柔和，那么光源就必须非常大才能使光变得柔和，同时也必须从正前方直接照射到新娘身上，这个光照角度就会让照片显得很平。如果我把闪光灯放在左右两侧之一的位置，光照就会带来过多的立体感。这

图14.23

图14.24

样的平光效果与美妆写真中用到的光照相同；因为平光让质感不明显，所以拍摄对象的皱纹就会得到最小化。

图14.25：为了让光变平，我让CLE来发挥作用。我身后有一面很大很平的墙（CLE-2）。如果我让闪光灯朝向身后的墙，那么这面墙就成为了新的光源。由于场景中没有很强的高光或阴影，TTL闪光模式就很适合了；这个特定的地点对于TTL模式并不棘手。记住当镜头前的光照是不平的时候，TTL技术通常不好用。因此，在阴天或像这样的室内环境里，每次按下快门TTL模式都会准确测光。于是我把机身上的闪光灯头转向朝着我身后的墙的方向并闪光，拍下了这张美丽而优雅的照片。新娘的皮肤之所以看起来很暖，是因为我身后的墙有着类似的棕黄色墙纸。光的颜色特性告诉我们光会染上任何触及的物体表面的颜色。在这个例子里，闪光灯的白光因为染上了墙纸的色调而变成了棕黄色。

图14.25 相机参数：ISO 400，f/4，1/45

图14.26 相机参数：ISO 400，f/5，1/125

图14.26：为了获得这张Nora在瑞士的照片中的效果，我用了上一个例子描述过的相同技巧，用一部闪光灯来创造平光效果。我身后离Nora很近（CLE-2）的平整墙面成为了我的光源，我让我的闪光灯朝向了这面墙——同样，也是TTL模式——来照亮墙面，并将柔和的光反射到Nora身上以及整个场景中。注意：几乎整个照片的画面都有相同的光照强度。这是创造美妆写真用光的很好用的技巧。光照变平能使人看起来更年轻，因为光会从各个角度同时射来，填充了每条皱纹带来的阴影。

案例13：环境光元素

图14.27：在洛杉矶市区California Club举办的一场美丽的婚礼期间，我在建筑的另一侧注意到了这个房间。房间是竖长的长方形形状，两墙的间距很近。墙面可以扮演反光板的角色，因此长方形的形状是个优点（CLE-2）。另一个我注意到的优

图14.27 相机参数：ISO 200，f/4，1/40

点是两面间距很近的墙上有又高又大的窗户（CLE-1）。不幸的是，尽管屋子的窗户很大，太阳在建筑的另一侧。这告诉了我们进入室内的窗光是填充光而不是直射光，如第6章所述。这意味着房间尽管很美，也非常暗。

在这张照片里，我面对的最大挑战是我事先并没有准备在这个地方拍摄。我仅仅是在前往另一个房间的途中路过此地。因此，当时我手里并没有任何辅助光器材，拍摄时间也不多。我决定不采用把ISO调高到6400的方式来获得足够快的快门速度避免拍虚。解决方式是找到一个桌子充当相机的三脚架并开启相机的反光镜锁定功能来避免相机抖动对曝光的影响。最后同样重要的是，画面背景非常对称而雅致（CLE-3）。所有这些因素都需要密切留意，这样才能掌握辨识任何场景中的CLE的能力。

这样一来，拍摄这张美丽优雅的新郎新娘的人像照的场景就准备妥当了。让这张人像照显得出众的是新郎新娘后背的细节。当然我不得不把快门速度降到1/40以获得足够展现细节的光照。通常，把夫妇放在一扇大窗前会带来剪影的效果。但在这个例子里，我身后的墙面很大，向夫妇反射了柔和的光（CLE-4）。新娘裙子后背的细节是画面的关键。如果我身后的墙离窗户很远，它的反射能力就会减弱。这张人像照并不需要辅助光，我依然可以用低ISO拍下这张照片，而这正是我一直的目标——特别是在人像摄影中。保持低ISO值的同时获得足够的光来拍下光照良好的人像，表现的即是光的基准的重要性。

值得留意的是，尽管这个房间太暗，远不足以通过光的基准测试，我还是用另一种方式达到了光的基准。我把相机稳定在桌面上，才能用非常慢的快门速度获得了足够的光照，创造出了这个效果。光的基准的主要目的是鼓励摄影师们在任何场景中增加必要的光照，而不是调高ISO值在低光照条件下拍摄。当然，我减慢快门速度让足够的光参与曝光，也是增加光照的一种手段。基于这些原因，我才能够保持低ISO，并因此拍下了高质量的人像。

图14.28：这张我的朋友Cliff的人像照的灵感来源于远处有黑白女人照片的广告牌。我不知道为什么想把它包含在照片里。我的CLE训练开始起作用，我立即注意到了脚下地面的颜色和质地（CLE-5）。让我惊讶的是，它是浅灰色的且相对光滑。因此，地面就成了我的反光板从而无需辅助光。我只需调整Cliff的造型让他的脸朝向反光板（地面）。当时在纽约是晴朗的白天，因此让人面朝太阳睁眼是很困难的。我用了第8章里的技巧（抓拍眼睛）来获得一种自然、放松的感觉。我让Cliff看着

地面上的一点，这样地面的反射光就能照亮他的脸。然后我让他闭上眼睛，按我的计数快速睁开，视线锁定在那个点上。我预先设好了焦距，这样在他睁眼时我就能立刻拍摄。

记住，当直接面对太阳或任何其他的亮光时，摄影师在拍摄对象因为过量的光而闭眼前只有不到一秒的拍摄时间。在这个例子里，尽管太阳在他的前方，我让他向下看着地面，这样在强日照条件下就更容易获取自然的表情。

图14.28

图14.29：这是用广告牌当背景最后拍下的照片。从光的角度看，我并不需要任何辅助光，因为我拍的是男士。对于男士来说眼睛里有些阴影更容易接受，因为这会看上去神秘而性感。不过，对于女士来说最好要用任意形式的辅助光来增加一些水平方向的光填充眼窝。选择让Cliff面朝反射性的地面的造型当然有所帮助，但他的眼睛离地面过远，因此只有少量的地面反射光打到了他的脸上。

图14.29 相机参数：ISO 200，f/4.5，1/2000

案例14：辅助光（柔光屏和闪光灯）

图14.30

图14.30：这张Nora的照片——为她身上时装的设计师拍摄——摄于很多摄影师都会用到但有个很大问题的地点；然而，这个问题使用辅助光就能迎刃而解。我指的是在绿地上拍摄，比如公园里。根据我们在第3章讨论过的光的颜色特性，光会染上草地的绿色并传给我们的拍摄对象（CLE-5）。这张照片是试拍的第一张样张，目的是看一看有哪些问题需要处理。很明显，直射的阳光需要进行漫射来柔化和降低照片的对比度。我只能从这个角度拍摄，因为Nora被灌木环绕，我不能用改变拍摄角度的方式来处理光照的问题。解决方式就是使用搭配柔光屏的辅助光。

图14.31：这张照片拍摄时，Nora头顶、灌木之上的位置放了一个柔光屏来柔化直射的阳光。柔光屏一就位，我就能控制住难看的阴影了。然而，光染的问题也很明显，她身上的时装也没有清晰可见的细节。在时尚摄影中，这绝对不行。我只能用加装附件的闪光灯来解决问题了。

图14.31

图14.32：这是最后的照片，协同使用了闪光灯和柔光屏。闪光灯色温设为近似日光，因此，拍摄对象身上的任何绿色光染都会被闪光灯覆盖。很多家庭或长者人像照都选择在公园里拍摄，图的就是优美的景色和自然的环境。但如果没有用闪光灯或反光板，你就只能在后期处理上去纠正绿色的光染了。在Nora的这个例子里，除了地面的绿草之外，她还被绿色灌木环绕（CLE-4）。由于这些原因，我拿出闪光灯配上我手里最大的柔光屏（88寸）。大型的柔光屏提供的不仅是柔和的光照，还有照亮Nora的动人的暖光。此外，因为这是为时装设计师进行的拍摄，我得确保闪光

图14.32 相机参数：ISO 100，f/3.5，1/1000

灯的照明能展现出衣物美丽的细节。这个用闪光灯搭配大型柔光屏的技巧之所以受我喜爱，原因是照片里根本看不出任何闪光的痕迹。照片看起来就像是只有美丽的、自然的光照。

图14.33：我有幸为我的妹妹Susana和她的未婚夫Daniel在加州Beverly Hills拍摄一些订婚照。为了拍好这张照片，我需要一个分为两步的辅助光解决方案。首先，阳光直射在他们身上，所以我需要一个柔光屏来柔化阳光。一旦漫射光打在他们身上，背后红色的花丛就会显得比他们更亮，因为花丛受到阳光直射，显然要比我妹妹和Daniel身上的漫射光要亮。我需要辅助光来分离拍摄对象和背景中的红色花丛的曝光。这个辅助光应该使我可以单独控制两者各自的曝光。我使用的是一部搭配了中等大小的柔光箱（直径大约24寸）的闪光灯。我首先压低了红色花丛的曝光，接着打开遥控闪光灯，把它设为手动模式。我上下调整闪光灯的功率直到我对我的妹妹和Daniel的曝光满意为止。最终闪光灯的功率为1/8。在画面里，他们的曝光与身后阳光照亮的红色花丛有着相同的强度，而他们的眼睛里也有不错的反光。

图14.33 相机参数：ISO 100，f/4.5，1/500

案例15：辅助光（闪光灯）

图14.34：在Cliff和Brook纽约的婚礼期间，我在地面上由前夜的雨形成的积水里看到了这个倒影（CLE-5）。为了拍摄出与众不同的效果，我决定用这块积水来拍摄人像。然而，正如你从图中所见，倒影其实非常暗。为了让倒影起作用，发生反射的物体就必须在水中被照得很亮（或任何其他的反光表面），才能有清晰的倒影。于是，我把闪光灯设为TTL模式并把闪光曝光补偿（FEC）调为+2。闪光灯头的焦距设为105mm，使得闪光灯的光束收窄。

新婚夫妇之所以有很倾斜的姿势，是为了迎合我相机的角度。通过倾斜身体，他们就对上了相机的角度，在最后的照片里就会看起来是直立的。

图14.34

图14.35：这里你能看到闪光灯的工作状态，它提升了地面倒影的曝光。

图14.35

图14.36：最终的照片被转换成了黑白效果。把现在倒影的亮度与本案例第一张幕后照片中的倒影亮度相比较。差别可以说是巨大的。通过使用闪光灯，我能够根据阳光照亮的建筑物来曝光，把夫妇的曝光提高到与背景中的建筑一样的亮度。现在，这看起来就像是阳光同时照亮了建筑物和夫妇似的。

图14.36

图14.37：为了拍摄这张意大利米兰模特Ana的照片，我在室内选择了一个美丽的房间作为拍摄地点。不幸的是因为外面阴雨的天气，屋里非常暗。我的光的基准的目标是保持低ISO，无论环境有多暗。在这个房间里，唯一在保持低ISO的同时提升曝光亮度的方式，就是降低快门速度到相机一动就肯定会拍糊的程度。因此，我决定保持屋里的黑暗和氛围，同时给Ana在镜子中的镜像增加一些光照。这不仅会帮

图14.37

助我保持住低ISO，也会帮助我在室内的氛围和Ana之间创造关键的分离度。镜子很小，所以我需要限制闪光灯的光束，以使它仅照到Ana的脸上；我需要非常小心不让光洒到屋里其他的地方，要不就会与我所想的效果背道而驰。为了做到这点，我在一台Profoto影室灯上装了一个5度蜂窝网罩。为了柔化光线使其显得自然，我在闪光灯和蜂窝网罩之间放了一张卫生纸，并把闪光灯的功率调低到4/10。设置完毕后，我把ISO改为100，开启反光镜锁定避免相机晃动的影响，最后拍得了这张Ana的人像。

在你看这张照片的时候，试着想象一下，假如我为了抵消室内的黑暗把ISO调高到8000后会是什么效果。如果我没有用我的闪光灯把Ana的曝光和其余的部分分开，很有可能照片就会看起来缺乏立体感，Ana就会与背景混为一体。那样的效果就没什么用了。拍摄对象和背景的曝光分离对我成为一名成功的摄影师帮助很大。让我惊讶的是，目标客户确实能注意到其中的区别，也愿意为这种更高挡次的摄影买单。

通过忠于我的视觉构思和对光的塑造，我创造出了看起来精雕细琢的人像作品，用神秘的氛围感征服观者使其融入其间。而这样做的一个额外的好处是照片几乎不需要后期编辑，一切都由相机创造。

案例16：辅助光（视频灯）

图14.38：在Nora被绿植环绕的例子中（案例14），我用闪光灯来凸显时装的细节。在那个情形里，闪光灯是正确的辅助光选择，因为照片摄于室外。在这个例子里，目标是相似的。我想展现出Jennifer的纱巾精妙的做工。为了做到这点，我把她放在窗边以得到最多的光照——但首先，我拉上了窗帘使背景变暗，这样Jennifer和房间其余的部分之间就产生了很好的分离度（CLE-9）。窗光是柔和的，与这个人像柔和而优雅的感觉相得益彰。然而，距离光源很近意味着，根据平方反比定律，光一开始会非常强但随后马上会迅速衰减变黑。因此，在Jennifer靠近窗户之前，我让我的助手拿出一个条灯来照亮Jennifer纱巾的暗面。这样你就能看见她的纱巾的美丽细节了。通过经验积累和练习，你甚至在拍样张之前就能知道何时要用到何种辅助光。

图14.39：为了拍好这张摄于Beverly Hills的SLS酒店的照片，我们必须尝试让新娘脸上的光照与它身后背光板的光相近。然而，她当时穿的是白色的婚纱，在她身上增加过多的光会使婚纱过曝。因此，我们要在高光的麻烦产生之前尽可能多地增加光照。这张照片是另一个展示光的基准思维的很好的例子，你要为场景增加光照而不是调高相机的ISO值。

图14.38

图14.39 相机参数：ISO 400，f/2.8，1/90

图14.40：这张照片很难拍摄。CLE-1关注的是主要光源的方向和来源，而CLE-4让我们小心拍摄对象周围物体的材质。牢记这两个CLE，于是我们的决定是必须在电梯内，而不是按照最初的计划，即在电梯外拍摄这张照片。原因在于电梯里的顶灯为我们提供了辅助光。这个辅助光可以带来一种仿佛有人在夫妇头顶举着一个条灯的效果。而之所以不能在电梯外拍摄的原因是整个区域都装饰有非常反光的有机玻璃材料。要是照片是我在电梯外拍的，条灯（在这种情况下我就得用到条灯）在有机玻璃上的反光就会毁了这张照片。

这个例子的心得是有时候环境会为你提供辅助光。我只需要做的就是改变原始的造型使之更适合头顶的光照。

图14.40 相机参数：ISO 800，f/2.8，1/30

案例17：Pantea的拍摄活动

我在加州Orange County的St. Regis度假酒店里的一场波斯婚礼上第一次遇见了Pantea。当时她是婚礼的嘉宾之一，我询问她是否愿意让我给她拍摄人像。在她同意的大约8个月之后，拍摄才得以开展，但最终还是实现了。拍摄这些人像的目的是用到不同的美妆写真用光技巧。我们从自然光开始，然后转向直射的阳光，最后在傍晚时分只用闪光灯打光作为拍摄的结束，因为那时阳光已经不够。

图14.41：这是自然光人像照的幕后照片。美妆写真的光照要求光线覆盖人脸的每一寸肌肤。因此，鼻子和眼睛下面不能产生任何阴影。同时，整个面部均匀受光，任何自然形成的皱纹都会得到最小化；因此，它被称为“美妆写真光照”。Chimera有一种移动工作室系统叫做“头像拍摄屋”，由可自定义组合的挡板组成。因为我在屋顶上拍摄，我就要用它们来自造环境光元素。我用两块Chimera挡板当作白墙来向Pantea脸的两侧反光（CLE-2）。地面也会在中间反光（CLE-5）。主要光源是来自后方的阳光（CLE-1）。最后，我用一块Westcott的背景布作为背景（CLE-3）。有了这样的设置，柔和而又强力的光照就会从每个角度照亮Pantea的脸，使她发起光来。

图14.42：这是使用这个设置拍下的第一张Pentea的人像，只用到了自然光。注

图14.41

意她位于相机左侧的脸稍微比右侧要亮。这是因为太阳直射在靠近相机左侧的脸的挡板上（见**图14.41**）。美妆写真光照可能是你能用在女士身上最好看的光照了。它总是很惊艳！

图14.42 相机参数：ISO 100，f/4，1/250

图14.43：接下来，我让Pantea转身朝向右侧的挡板，并让她尽量靠近挡板以增加她脸上的光照强度。我选择右侧的挡板的原因是左侧的挡板会反射更多的阳光。我需要更多的光来照亮她黑色的头发。如果我让她朝向相反的方向，她的脸就会更亮但她头发的细节和光泽就会变得逊色。

图14.44：接下来的两张人像是在阳光直射下拍摄的。没有用到漫射光。直射阳光下的人像会显得动感而前卫，但你必须小心选择拍摄造型。即使是拍摄对象面部最小的错误动作也会产生难看的阴影，让照片失去价值。因此，对于直射阳光下的人像，你必须专注于阴影的位置。

图14.43 相机参数：ISO 100，f/4，1/350

拍摄这两张人像时，我用的是常见的4英尺×8英尺的泡沫板作为背景。你可以在任何摄影用品店里找到它们。

图14.44

图14.45：拍摄这张人像时，我决定照顾Pantea的右脸。于是，我让她抬起下巴，头向左肩稍微倾斜。这样一来，大部分的阳光就直射在她一侧的脸上，而另一侧就会处于脸自己产生的阴影之下。注意她的鼻子和面颊下没有产生奇怪的阴影。你在她脸部亮面唯一能看到的真正的阴影是由睫毛造成的。

图14.45 相机参数：ISO 100，f/4，1/3000

图14.46：接下来，我让Pantea转身使两侧的脸都直接面对太阳。我让她缓慢地向左肩倾斜头部，直到左脸的阴影趋于完美。这即是在用光雕刻人的面部。这两张照片都有一种非常时尚和前卫的感觉。

图14.46 相机参数：ISO 100，f/3.5，1/4000

图14.47：最终，太阳开始落山而阳光所剩无几。当然，对闪光灯来说这都不是问题。但为了创造出自然光的感觉，你就必须拥有足够大的控光工具。因为这个原因，我使用了一个5英尺的Chimera OctaPlus反光伞，以及Chimera“头像拍摄屋”的挡板来让光左右反射。这个组合给了我自然光的视觉和感觉，尽管光其实100%来自影室灯。在下面这张照片中，我用的是Broncolor的Move 1200L影室灯，但我也可以用普通的遥控闪光灯来起到相同的作用。之所以用的是Broncolor的影室灯完全是出于便利，因此它就在我手头。要不然，我就会把一部佳能闪光灯装在Chimera OctaPlus反光伞上，而效果基本是一样的。

图14.47

图14.48：这是通过正确使用和搭配影室灯创造出柔和的自然光后得到的最终结果。创造柔光的关键是你如何搭配闪光灯或影室灯。证据不言自明。大多数人都看不出来这张Pantea的人像的光照是闪光灯还是自然光。

图14.48 相机参数：ISO 100，f/3.5，1/180

案例18：Peter的拍摄活动

让我们继续头像照的面部雕刻的讨论。这一回，我有幸为我的岳父Peter拍摄。我再一次使用Chimera的“头像拍摄屋”来进行拍摄。

图14.49：为了拍摄第一张头像照，我摆了两块Chimera挡板，白面朝向Peter，以便在各个方向向他的面部反光。为了加入更多的光照，我在他下面放了一块银色反光板以向上反光。这样光线就能从各个角度照亮他了：上方的太阳、左右两侧的白色挡板和下方的反光板。以下这些人像只用到了自然光，但是我通过利用CLE的力量以不同的方式雕刻和塑造了光，使每张照片都获得了成功。这里，我需要使用Chimera挡板来自造CLE，但就像我在第6章中所展示的，所有这些元素其实都可以从环境中找到，遮上白布的Chimera挡板，也可以用街头一栋房子的白色石膏墙来代替。

图14.50：对于很多头像照来说，这是我的首选设置，它搭建的简易和低廉的成本。太阳是唯一的光源，因此无需额外的器材。唯一的缺点是你，依赖于太阳和晴朗的天空所提供足够的光照。注意从下到上、Peter两侧的脸上光是多么的均匀。这不仅是好看，也会显得非常专业。

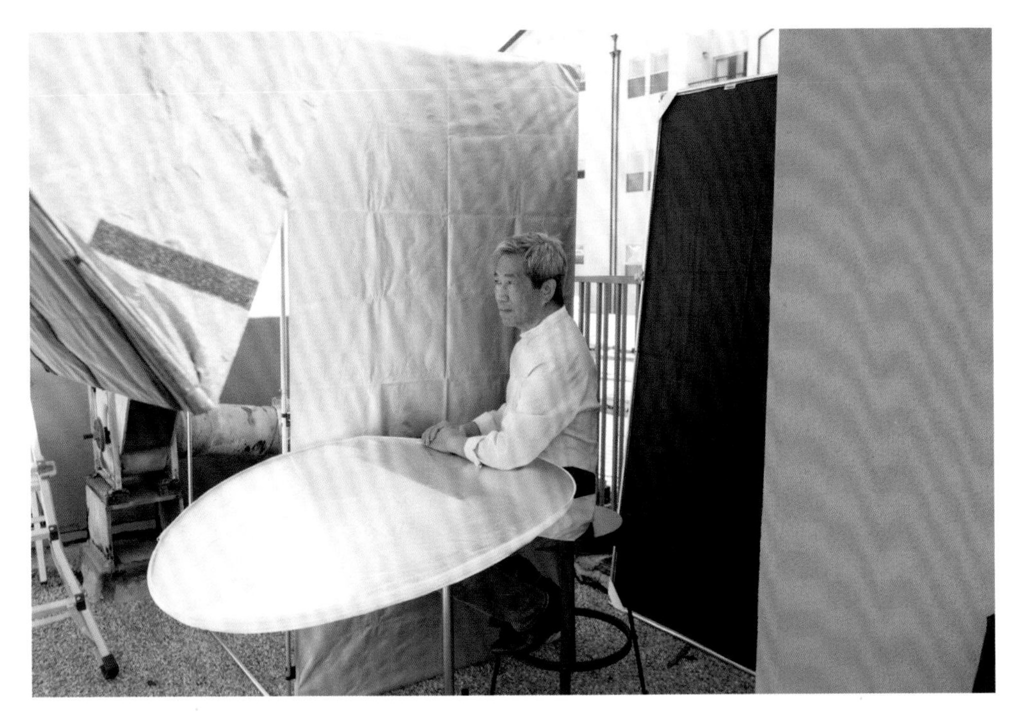

图14.49

图14.50 相机参数：ISO 100，f/2.8，1/180

图14.51：在这个设置中，我们改变了Chimera“头像拍摄屋”的挡板的方向，让黑面朝向Peter两侧的脸。在这个幕后照片里，只有一个挡板立了起来，但实际上在拍摄照片时（**图14.52**），那面靠着墙斜立在地上的黑旗放在了非常靠近Peter左脸的位置。

图14.51

图14.52：之所以用的是挡板的黑面，原因在于光的颜色特性告诉我们，黑色的挡板和旗子会吸收或减少光线，而不是反射。这会让Peter左右两侧的脸都变暗，只有脸的正面得到充足的光照。因为他的侧脸比正脸暗，就有了一种瘦脸的效果，也给了头像相比上一个例子更多的个性。

有无数种照亮和修饰人脸的方法，而我在拍摄头像时90%的时间都会用上述两种打光技巧。无论拍摄的是高中生、演员还是公司CEO，我多年的成功都归功于这种给头像打光的方法。

图14.52 相机参数：ISO 100，f/4，1/90

案例19：Ian的拍摄活动

在给Ian拍摄时，我想创作带有一点气场的人像。我喜爱自然光纯净的感觉，但在这个例子里我想为人像增添一些不一样的感觉。

图14.53：这张Ian的照片仅用到了自然光。照片看起来不错，但它缺乏视觉兴趣点或情感。

图14.54：这是Ian的人像的拍摄设置。在这个设置里，我用到了2部闪光灯。一部加了一个大型的5英尺Chimera OctaPlus反光伞，另一部则裸着置于他身后。他身后的闪光灯的作用是为他的脸和头发提供氛围照明，同时让进入镜头的光线给画面带来情感，就像我在第13章中谈到的一样。

图14.55：这里展示的是我如何把佳能闪光灯夹在任意柔光箱上。我用了一个带有冷靴的通用转接口，只需用两到三个耐用型夹具就能夹住。这张照片展示的是闪光灯被夹在一个小型的OctaBeauty反光伞上，但给Ian拍摄时在大型的5英尺OctaPlus上，设置是相同的。

图14.53 相机参数：ISO 100，f/2.8，1/180

图14.54

图14.55

图14.56 相机参数：ISO 100，f/5.6，1/180

图14.56：最后，这是用两部闪光灯的设置拍摄的效果。Ian身后的闪光灯指向我的镜头，给画面的情感带来了低调而有效的提振。大型的OctaPlus反光伞给他的左脸带来了很棒的柔光。简易的设置带来的是充满张力的效果。闪光灯的使用为这张人像塑造了情感和观感。在这个情形里，只用自然光是不可能做到这样充满张力的感觉的。

案例20：Ellie的拍摄活动

在最后一个案例里，我想分享的是我为我的侄女Elliana做的拍摄。她是一个非常坚定的芭蕾舞演员，为了精通舞蹈，她把大部分的时间都奉献给了舞蹈练习。在这次拍摄的过程中，我用到了多种打光技巧来获取不同的视觉效果。这些照片对我来说意义非凡，不仅因为Ellie是我的侄女，也因为它们在一次拍摄中就同时展现了造型、构图、光照和试验这些内容。这也是为何我深爱摄影的原因。通过刻苦练习和不惧失败而取得的成果，能让摄影变得上瘾！这些照片更多的是供你欣赏，但只要研究照片就总能学到经验。

图14.57：第一张照片摄于屋顶，只用到了自然光。我直接把Ellie置于太阳前下来创造出富有张力的剪影。

图14.57 相机参数：ISO 125，f/7.1，1/5000

图14.58：在这张照片里，我在相机里改动了色彩的白平衡（开氏温度）来增添一种蓝色的色调。接着我用了一部闪光灯，色温设为近似日光，来给所照之处带来暖色。我让我的妻子Kim在上面举着闪光灯指向Ellie，焦距设为200mm，以避免漏光。然后我在后期编辑中去除了画面中的闪光灯。

图14.59：这张照片的目标是展示画面的对比。Ellie在巨大的建筑和背景中可见的摩天楼面前是如此渺小，但她的姿势给人一种迎难而上的坚韧感。我在Ellie和台阶之间放了一部闪光灯来增强Ellie和Disney音乐厅之间的对比，然后我在后期编辑中去除了画面中的闪光灯。

图14.59 相机参数：ISO 320，f/6.3，1/200

图14.58 相机参数：ISO 320，f/6.3，1/200

图14.60：我想要突出的是芭蕾舞演员在舞蹈时腿部的运动。Ellie的动作是如此的对称和精准，让我难以置信。我认为展现芭蕾舞步的均匀感的最佳方式是用频闪的闪光灯脉冲来拍下腿部，定格住动态。

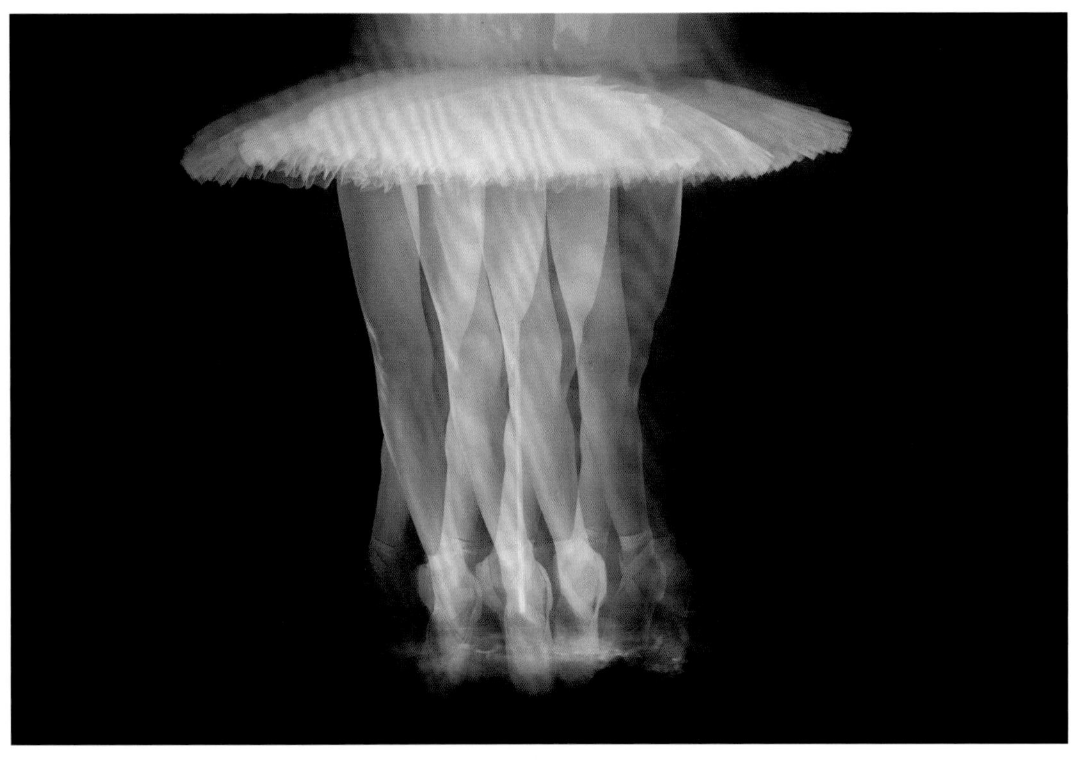

这张照片的拍摄用到了4部闪光灯。所有4部都设为了频闪模式，而相机设为了B门曝光，快门时间控制在1秒稍多。这是这次拍摄里我最喜爱的照片之一，因为它从新的角度成功再现了如此精准的动作和自控能力。

图**14.60**　相机参数：ISO 160，f/7.1，1.3"

图14.61：这是本书最后一张照片。我想拍摄一张更有油画感而不是照片感的Ellie的人像。为了做到这一点，我们去商店里买了一瓶婴儿爽肤粉。我想在她用手掸落芭蕾舞裙上的粉末时给粉末打光。我同时让她在掸的时候后退一步来创造出一种迷人的动作感。

拍摄这张人像也用到了4部处于频闪模式的闪光灯。我尝试了数次才找到了完美的设置，最后肺里吸了多得多的婴儿爽肤粉。但看，我们冒的险是值得的！效果比我想象的还要美！

图**14.61** 相机参数：ISO 160，f/5.6，1'

结语

摄影用光是一个让人非常着迷的话题。光照能起到决定性的作用，可以让一幅照片看起来像无心的随拍，也能让它看上去像是精湛的艺术作品。不论你用的是入门级的相机还是最昂贵、最先进的中画幅相机系统，如果光照质量不佳，拍得的照片仍是会看起来像随拍一样。

在我摄影职业生涯的开端，我并没有真正意识到“高质量的光照”意味着什么。在那时，我头脑里只有两种光：太阳和阴影，这基本就是我认知的全部。逐渐地，我开始注意到四周的物体是如何影响着光的。通过无数次的观察，我开始挑战自己去为拍摄对象寻找最优美的光照，同时把ISO保持在100。一开始非常困难，因为这需要强光与拍摄对象附近的大型的、平整的、浅色的物体相结合发生反射。“ISO 100挑战”催生出了第7章中光的基准测试的概念。而对能为拍摄对象带来优美光照的物体的寻找，促使我创造出了第4～6章中讨论的环境光元素（CLE）。我将两个系统相结合——环境光元素和在第3章中描述的对光的特性的深刻认知——嘭的一声！我每次拿出相机就像产生了魔力一般。

作为一名摄影师，没有什么比这更令人兴奋的了。知晓如何在每个地方找到迷人的隐藏光照，让我的事业蒸蒸日上。突然之间，客户们都愿意在摄影上投资了，而不是仅仅做最便宜的选择。人们开始称我为“艺术家”而不再是“摄影师”。

我对闪光灯可以用来增强现有的光照，同时能保持完全自然的观感的认识，促成我职业生涯的第二次大跃进。这个对闪光灯的认知让我创作出了高挡次的摄影作品，不论天气是阳光明媚还是阴雨绵绵。

在倾听了多年的关于光的争论之后，我意识到，有了对光及其特性的深刻认知，这些关于哪种光更好的争论其实很主观而并不客观。举例来说，一个相对于拍摄对象大得多的光源总会产生柔和的光照，因为这取决于光源的相对大小，而与光到底来自太阳还是闪光灯无关。

在摄影中充分利用光照的最佳方法，是去了解所有种类的光源并选择正确的种类或组合来实现你的视觉构思。如果你喜欢摄影，那么就花时间去练习和掌握用光；之后，你就会爱上摄影。优美的光照能使人像变得惊艳，也能让景色变得神秘。你的照片将会非常美好！

我衷心希望你在读完本书并花上足够的时间仔细应用这些概念之后，能让自己在摄影这个不断发展而又竞争激烈的行业中出类拔萃，成长为一名职业的摄影师。我谨致以最良好的祝愿，并祝你“布光”开心！

——Roberto Valenzuela，佳能光影探索者

图书在版编目（CIP）数据

拍出绝世光线 ：摄影师的完美用光技巧解密 / (美)
罗伯特•巴伦苏埃拉著 ；朱增峰译. -- 北京 ：人民邮
电出版社，2017.5
（世界顶级摄影大师）
ISBN 978-7-115-45307-5

Ⅰ. ①拍… Ⅱ. ①罗… ②朱… Ⅲ. ①摄影光学
Ⅳ. ①TB811

中国版本图书馆CIP数据核字(2017)第059749号

版权声明

◆ 著　　[美] 罗伯特•巴伦苏埃拉
译　　朱增峰
责任编辑　陈伟斯
责任印制　周昇亮
◆ 人民邮电出版社出版发行　北京市丰台区成寿寺路 11 号
邮编 100164　电子邮件 315@ptpress.com.cn
网址 http://www.ptpress.com.cn
北京九天鸿程印刷有限责任公司印刷
◆ 开本：889×1194 1/20
印张：17.6　2017 年 5 月第 1 版
字数：508 千字　2024 年11月北京第 25 次印刷
著作权合同登记号　图字：01-2015-7655 号

定价：128.00 元

读者服务热线：(010)81055296　印装质量热线：(010)81055316
反盗版热线：(010)81055315
广告经营许可证：京东市监广登字 20170147 号